高等院校医学实验教学系列教材

生物化学与分子生物学实验

第2版

主　编　王　顺　杨　菁

副主编　许珂玉　朱艳凌　张　蕾　李　宁　张秀梅

编　者　（按姓氏笔画排序）

王　顺　锦州医科大学

王翠瑶　锦州医科大学

付晶京　锦州医科大学

包晓红　锦州医科大学

朱艳凌　锦州医科大学

刘　超　锦州医科大学

许珂玉　锦州医科大学

李　宁　锦州医科大学

李宗泽　锦州医科大学

杨　菁　锦州医科大学

张　蕾　锦州医科大学

张秀梅　锦州医科大学

赵　勇　锦州医科大学

黄艳丽　锦州医科大学

崔明宇　锦州医科大学

科学出版社

北　京

内 容 简 介

生物化学与分子生物学是生命科学的前沿学科，其理论与基本实验技术已广泛渗透并应用于生命科学的各个领域。掌握生物化学与分子生物学的基本实验技术不仅是医学生的必备能力，也是实施创新教育的重要手段。为培养学生的动手能力、独立分析问题和独立解决问题的能力，本教材在介绍生物化学与分子生物学基本实验操作和常用技术及仪器使用的基础上，根据实验内容的特点，将实验分成经典验证性实验、综合性实验、研究性实验和创新性实验，为本科生进行基本的科研训练提供帮助，并为开展创新性实验和科学研究提供思路。本教程也可供医学相关专业的本科生、研究生和科研工作者参考。

图书在版编目（CIP）数据

生物化学与分子生物学实验 / 王顺，杨菁主编. —2版. —北京：科学出版社，2017.8

高等院校医学实验教学系列教材

ISBN 978-7-03-054060-7

Ⅰ. ①生… Ⅱ. ①王… ②杨… Ⅲ. ①生物化学–实验–医学院校–教材 ②分子生物学–实验–医学院校–教材 Ⅳ. ①Q5-33 ②Q7-33

中国版本图书馆CIP数据核字(2017)第185326号

责任编辑：朱 华 车 艳 / 责任校对：郭瑞芝

责任印制：赵 博 / 封面设计：范 唯

科学出版社 出版

北京东黄城根北街 16 号

邮政编码: 100717

http://www.sciencep.com

三河市宏图印务有限公司印刷

科学出版社发行 各地新华书店经销

*

2011 年 3 月第 一 版 开本：787×1092 1/16

2017 年 8 月第 二 版 印张：7 1/2

2024 年 1 月第十三次印刷 字数：166 000

定价：36.00 元

(如有印装质量问题，我社负责调换)

高等院校医学实验教学系列教材（第2版）

总 编 委 会

总　　序

医学专业教育不仅要让学生系统掌握医学理论知识，更需要关注学生实践技能、科学思维和创新能力的培养。实验教学与理论教学相辅相成，在全面提高医学教育质量方面有着理论教学不可替代的作用，是高等教育体系中的一个重要环节，是医学教育教学的重要组成部分。实验教材是体现实验教学内容和教学方法的知识载体，是指导学生动手操作、培养学生实践能力的重要工具，是做好实验教学、提高实验教学质量的重要保证，是培养创新型人才的重要手段。为顺应当代医学发展形势、满足医学教育和医学生培养需求，建立以能力培养为主线，分层次、多模块、相互衔接的实验教学体系，培养适应21世纪医药卫生事业发展的高素质医学人才，从实际应用性出发，构建具有自身特点的实验教学内容和教材体系。

系列实验教材第1版于2011年由科学出版社出版发行，为推动实验教学改革，整合实验教学资源，完善实验教学体系，提高实验教学水平，于2016年10月对第1版系列教材进行全面修订。第2版教材由长期工作在教学、科研、医疗第一线的具有丰富理论与实践教学经验的教师编写而成，延续上一版教材的结构框架，将实验内容分为基本实验操作及常用仪器使用、经典验证性实验、综合性实验、研究创新型实验，并依据学科特点适当调整结构比例，增加综合性、创新性实验项目，减少验证性实验。进一步整合、更新了实验项目，删减陈旧内容，纠正在使用过程中发现的问题，使实验项目设置更加科学，实验技术操作更加规范，更有利于培养和提高学生实践能力、观察能力、分析和解决问题能力。

第2版实验系列教材共八本，包括《医用化学实验》《医用物理学实验》《医学大体形态学实验》《医学显微形态学实验》《医学机能实验学》《生物化学与分子生物学实验》《医学免疫学与病原生物学实验》《临床技能学》。其中《临床技能学》融合视频、音频等富媒体技术，使纸质教材与数字教材有机地结合，顺应教材多样化、个性化的发展需要。

本系列教材读者对象以本科、专科临床医学专业为主，兼顾预防、口腔、影像、麻醉、检验、护理、药学等专业需求，涵盖医学生基础医学全部实验教学内容。

在修订过程中，虽经全体编委努力工作及反复修改，但由于水平和时间限制，教材中难免有疏漏或缺陷，恳请读者和同行专家提出宝贵意见。

高等院校医学实验教学系列教材
总编委会
2017年7月

前　言

生物化学与分子生物学是一门重要的实验性基础医学学科，生物化学与分子生物学的实验技术和方法不仅为生物化学与分子生物学的迅速发展创立了条件，也为其他基础医学和临床医学的研究奠定了基础。生物化学与分子生物学的理论和技术已经渗透到其他基础医学和临床医学的各个领域，产生了诸如分子遗传学、分子免疫学、分子病理学、分子药理学等交叉学科。因此，生物化学与分子生物学对医学的发展起着促进作用，成为生命科学的共同语言和前沿学科。

近年来，各高等医学院校在生物化学与分子生物学实验方面都进行了较大幅度的改革，改革的总体目标是注重培养学生的动手能力、独立思考、独立分析和独立解决问题的能力，最终使学生的创新能力和综合素质得以全面发展和提高。在这种思想指导下，我校生物化学与分子生物学实验教学在改革中不断发展、不断完善，主要经历了三个阶段：经典验证性实验阶段、部分验证性实验向综合性实验转变阶段和部分生物化学实验向分子生物学实验转变阶段。当今学科的快速发展和医学对人才的需求又促使生物化学与分子生物学实验教学进入了由综合性实验向研究性实验和创新性实验转变的关键时期，可以预见研究性、创新性实验的全面开展将对提高我校生物化学与分子生物学教学质量和学生的综合素质起到积极地推进作用。

在总结以往实验教学工作的基础上，于 2011 年出版了第 1 版实验教程，经过五年多的实践，效果很好。本次再版改编，是在第 1 版实验教程的基础上加以修改和完善，删除了一些应用不多、内容陈旧的验证性实验，增添了一些常用仪器的使用，并在保持原有四大版块的基础上，结合我校的大学生创新创业训练项目开展情况，甄选了两个已经发表成果的实验训练项目，构成创新性实验版块，使本实验教程在保持原有特色的基础上，为本科生开展创新性实验和科学研究提供思路，本教程也可供不同院校的使用者参考。

参加本书编写人员都是我校本科生物化学与分子生物学实验教学的一线教师和有经验的实验技术人员。在编写过程中力争博采众家之长，既注意到理论与实践相结合、重点突出，又注意到各部分之间的系统性，尽量做到教材难易适中。尽管如此，由于我们水平有限，疏漏和错误仍在所难免，肯请各位同仁指正。

王　顺　杨　菁

2016 年 12 月

目　　录

概　　述

一、生物化学与分子生物学实验课的性质、任务与目的

生物化学与分子生物学是一门重要的实验性基础医学学科。生物化学与分子生物学的实验技术和方法不仅为生物化学与分子生物学的迅速发展创立了条件，也为其他基础医学和临床医学的研究奠定了基础。生物化学与分子生物学实验课是帮助同学掌握基本实验技能、基本实验操作技术，提高独立思考、独立分析和独立解决问题的能力，学会正确的科研思维方法，养成严谨的科学作风，把同学们所学得的理论知识和实验内容相结合的重要手段。

近代医学的发展经常运用生物化学与分子生物学理论与技术诊断、治疗和预防疾病，许多疾病的发病机制也需要从分子水平加以探讨。特别是近年来，随着生物化学与分子生物学的迅速发展促进了人们对许多疾病如恶性肿瘤、心血管疾病、神经系统疾病、免疫系统疾病等重大疾病的认识，随之出现了基因诊断和基因治疗的方法。由于生物化学与分子生物学理论是在科学实验研究基础上高度总结的结论性观点，所以生物化学与分子生物学实验课一方面使学生在实验中验证理论的来源与正确性、加深对理论的理解；另一方面，生物化学与分子生物学实验手段又是生命科学发展的必用手段，而实验课是培养学生科研能力和素质的必要和重要过程。

通过生物化学与分子生物学实验课，可以使同学们掌握生物化学与分子生物的基本操作技术，培养学生独立思考和实事求是的科学态度，为今后从事从事科研工作和临床实践应用奠定基础。

二、生物化学与分子生物学实验室安全与规则

（一）实验室安全

1. 实验室建立安全责任人制度，由实验室主任全面负责实验室的安全工作。

2. 定期进行实验室安全知识教育，增强安全意识，严格管理，预防和避免各类事故的发生。

3. 定期检查实验室水、电、煤气线路，发现隐患及时解决。消防器材专人管理，位置固定，工作人员熟练使用，能应对紧急情况发生。

4. 保持实验室内空气流通。凡对身体有害气体的实验及试剂的配制要求在通风橱内操作，并佩戴好相应的防护工具。

5. 实验室中易燃易爆和剧毒物品必须妥善保管，统一存放，设立危险品标志，使用时注意规范操作。

6. 凡涉及使用毒麻药品和危险试剂时，遵照《危险性试剂及毒麻药品使用管理规定》执行。

7. 对参加使用操作的人员要进行安全知识及相关仪器设备使用的指导，对于大型仪器设备要有专人负责操作。

（二）实验室规则

生物化学与分子生物学实验的很多试剂都具有强烈的腐蚀性和剧毒性，因此，在实验操作过程中要严格遵守操作规程，小心操作。

1. 生物化学与分子生物学实验具有独特的实验技能，在教师的指导下，学生应认真完成每次实验内容。

2. 实验前认真预习实验内容，明确实验目的，理解实验基本原理及大体操作步骤。

3. 实验中正规操作，掌握关键环节，认真观察，做好实验记录，数据和结果真实。

4. 实验后及时总结，并对实验结果进行综合分析，展开讨论，按时完成实验报告。

5. 遵守实验室各项规章制度，爱护仪器。节约使用试剂、煤气、水、电等，保持室内卫生。

6. 遵守课堂纪律，不迟到不早退，实验室内严禁吸烟、饮食、大声喧哗，同学之间应互助友爱。

7. 实验完毕后，要按照各种器材（如试管、比色杯等）的清洗方法进行清洗；要关闭仪器设备的开关和电源，并将仪器整理好；打扫卫生并关好实验室门窗，经实验室工作人员检查合格后方可离开。

三、实验报告书写

生物化学与分子生物学实验课要求同学们在实验中严肃认真地进行操作，如实记录所观察到的各种现象和得到的实验数据，并要求实验后认真总结和分析，完成实验报告。

（一）实验记录

实验记录是指在实验中将观察到的现象和测量的数据及时、准确、翔实记录在记录本上。此记录必须客观，不可掺杂任何主观因素，不受已有资料及他人实验结果的影响。每个结果尽可能观测 2 次以上。

完整的实验记录应包括日期、实验内容、现象及结果，使用仪器的型号及生产厂家；生物材料的来源、选用的组织及其重量；试剂的规格和浓度等。

（二）实验报告

实验报告是实验的总结和综合分析，通过实验报告的写作可以学会实验数据的处理方法，加深对实验理论和实验技术的理解和掌握，同时也是学习撰写科学研究论文的过程。

完整实验报告的内容包括实验名称、实验目的、实验原理、实验操作、实验结果、讨论、结论、实验者和实验日期等。

（王　顺）

第一章　基本实验操作与常用技术及仪器的使用

第一节　基本实验操作

一、玻璃器皿的洗涤与干燥

生物化学与分子生物学实验所用器材必须清洁，以免杂质污染，影响实验结果。在定量分析实验中要求更加严格。

（一）可用毛刷刷洗的玻璃器皿清洗方法

一般容器如烧杯、试管、三角瓶等先用自来水冲洗，用毛刷蘸肥皂粉或去污粉刷洗，然后用自来水冲洗，至器壁光洁不挂水珠，最后以少量蒸馏水冲洗 3 次，倒置晾干即可。

（二）不能用毛刷刷洗的玻璃器皿清洗方法

吸管、容量瓶等不能用毛刷刷洗，先用自来水冲洗，然后用洗液浸泡数小时，捞出并倒净洗液，用自来水充分冲洗至水不显黄色后再冲几次，最后用少量蒸馏水冲洗 2～3 次晾干备用。

在做酶学实验时，对器材的清洁要求更高，因如有极微量的污物（如重金属离子）即可导致整个实验失败。因此，必要时，器皿经上述方法洗涤后，还需用稀盐酸或稀硝酸洗涤，以除去铬及其他金属离子，然后再用自来水、蒸馏水冲洗。

（三）生化实验室常用的洗液

1. 铬硫酸液　浓度一般为 5%或 10%。

（1）5%铬硫酸液的配制方法：取重铬酸钾粉末 5g，放烧杯中，加水 5ml，搅拌使其尽量溶解（可小火加热），然后缓缓加入粗浓硫酸 100ml，边加边摇匀。溶液由红色变成棕红色，冷却后倒入有盖的容器内保存。

铬硫酸液清洁效力主要利用其强氧化性。当遇有被氧化物质存在时，发生氧化还原反应，氧化作用很强，可以使有机物炭化，进一步氧化分解。硫酸越浓，铬酐越多，则清洁效力越强。当洗液变成绿色时，即失去氧化能力。

（2）铬硫酸液配制注意事项：①重铬酸钾有毒，配制和使用时一定要注意，小心操作；②配制铬硫酸液时注意安全，要把硫酸缓慢地加到水里；③使用铬硫酸液时要小心，不要溅到眼、皮肤和衣服上；④用铬硫酸液浸泡仪器时，尽量把仪器先用水冲洗干净，并使其干燥，再浸入洗液内，以防吸水，可以较长时间使用。

2. 10%尿素液　为蛋白质良好溶剂，适用于洗涤盛血的容器。

3. 草酸盐液　用于清洗过锰酸钾的痕迹。

4. 硝酸液　用 1∶1 的硝酸水溶液，用于清洗 CO_2 测定器及微量滴定管。

5. 乙二胺四乙酸二钠（EDTA-Na_2）液 5%～10%的 EDTA-Na_2 液可用于洗涤器皿内无机盐类。

（四）玻璃器皿的干燥

玻璃器皿的干燥方法可根据不同仪器种类而定。一般地说洗净后的玻璃仪器，如不急用应倒置放在晾架上令其自然干燥，若有急用可放在烘烤箱中烤干（105～110℃，1h）。但容量玻璃仪器，如容量瓶、吸量管、滴定管以及烧结、结构复杂的玻璃仪器等，严禁烘烤。此类玻璃仪器，如急用可采用水泵抽气法干燥。

二、移液器的使用

（一）刻度吸量管

吸量管是生物化学与分子生物学实验中最常用的量器，实验结果的准确程度与能否正确使用吸量管有密切关系。因此必须熟悉各种吸量管的规格，掌握正确使用方法。

1. 吸量管规格 常用的吸量管包括：①刻度吸管，如 1ml、2ml、5ml、10ml 等规格；②微量吸量管，如 0.05ml、0.1ml、0.2ml、0.5ml 等规格，使用时要根据实际需求选用合适规格的吸量管。

2. 吸量管的使用方法 取液时，用右手拇指和中指夹住管身上端，使食指能自由按住上口，用左手拿洗耳球。吸取液体时，待液面上升到所需刻度线的上方，迅速用右手食指按住上口，用滤纸擦去管身下端外壁吸附的多余液体，然后稍松食指，调整液面下降到所需刻度。调整刻度时，吸管垂直，液面与眼同高，视线、液面凹面底部与所需刻度在同一水平。放液时，把吸管插进受器，使吸管尖端接触管壁，与受器成一定角度，使液体自然流出，或根据食指与上口接触松紧程度来控制流出速度。在使用吸量管量取总量或用下段时，必须在液体流出后，停留 10～15 秒，转动吸管，使尖端内部液体流出。使用微量吸管时，放出液体后，吸管尖端靠壁停留 10～15 秒，然后用洗耳球把吸管尖端液体吹出。

（二）可调式移液器

1. 移液器规格与种类 移液器是分子生物学实验中常用的微量移液装置，常用的有 0.1～2.5μl、0.5～10μl、2～20μl、5～50μl、10～100μl、20～200μl、50～200μl、100～1000μl 等不同规格，使用时注意根据实际需求选用合适的移液器。

可调式移液器有单道和多道（如 8 道、12 道等）等不同种类，可根据具体的实验来进行适当的选择。

2. 移液器使用方法

（1）做好移液前准备，戴好手套，根据实验所需，选择相应规格的移液器及枪头（图 1-1 a）。

（2）旋转移液器量程按钮，设定移液量（图 1-1 b）。

（3）安装枪头（图 1-1 c），并用拇指把按钮压至第一挡（图 1-1d）。

（4）吸液：垂直握持加样器，使枪头浸入液面下 2～3mm 处，然后缓慢平稳地松开按钮，使其复原，吸入液体，停留片刻，然后将枪头提离液面，贴壁停留 2～3 秒，使管尖外侧的液滴滑落（图 1-1 e）。

（5）放液：枪头贴到受器内壁底部，平稳地把按钮压到第一挡后，再把按钮压到第二挡，排尽液体（图 1-1 f）。

（6）松开按钮，恢复至原来的位置（图 1-1 g）。

（7）按枪头弹射器弃去枪头（图 1-1 h），旋转移液器量程按钮，恢复至最大量程，将移液器放回移液器支架。

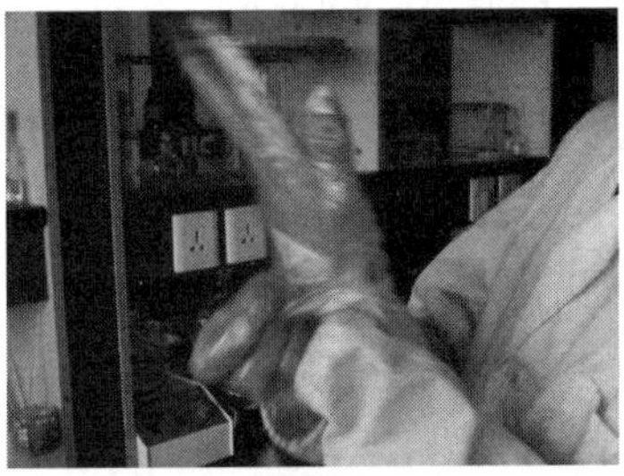
a. 移液前准备

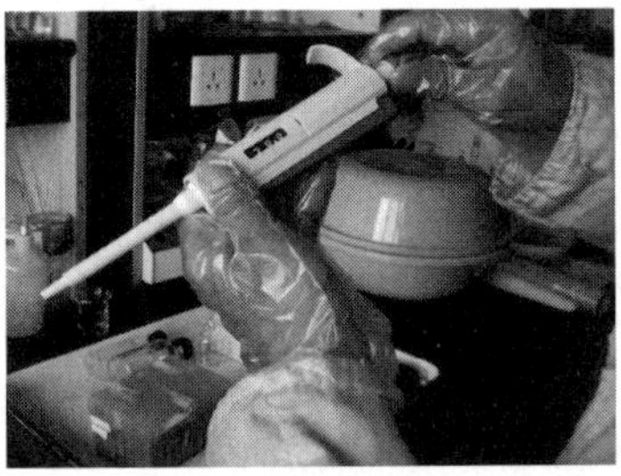
b. 设定移液量

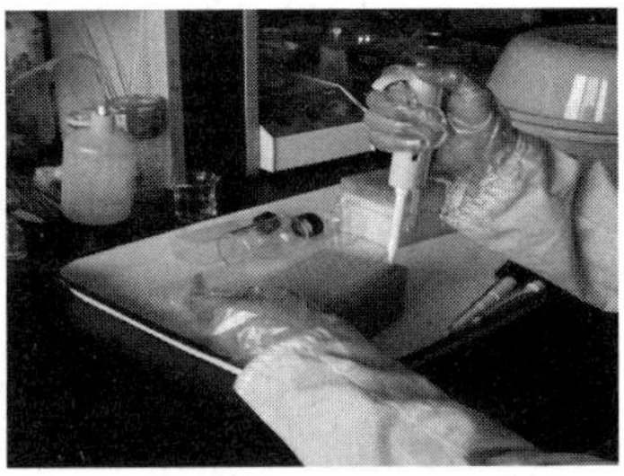
c. 安装枪头

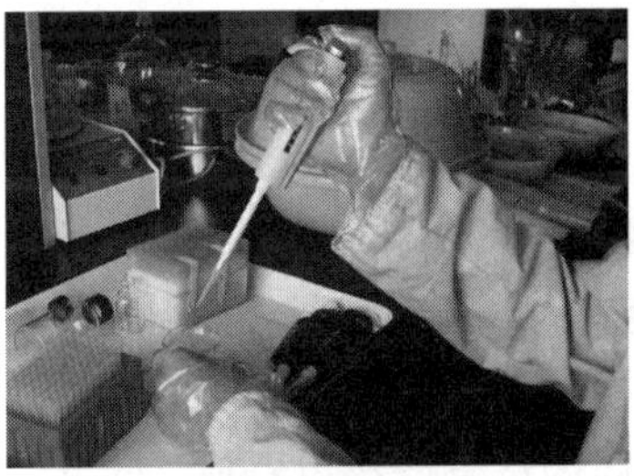
d . 按钮按压至第一挡位置

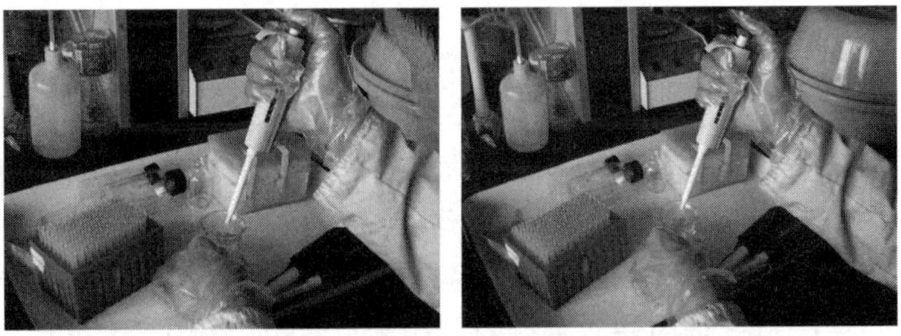
e. 吸液，枪头尖端插入液面下，轻抬拇指吸取液体

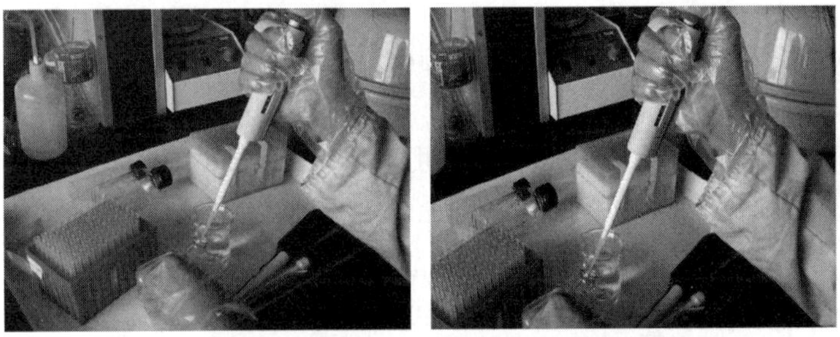
f. 放液，按压至第一挡后，再按压第二挡，排尽液体

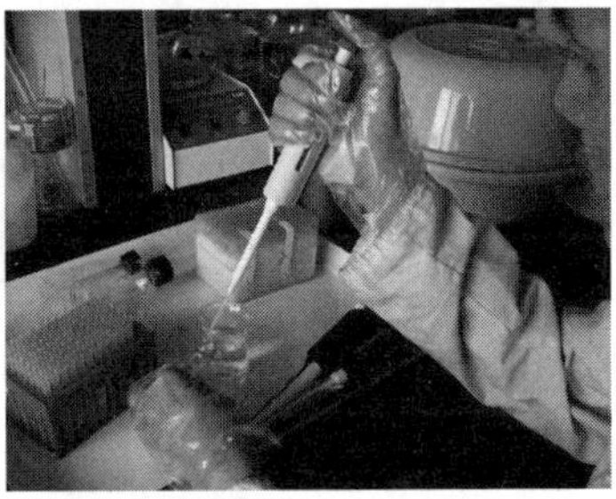
g. 松开按钮，恢复至原来的位置

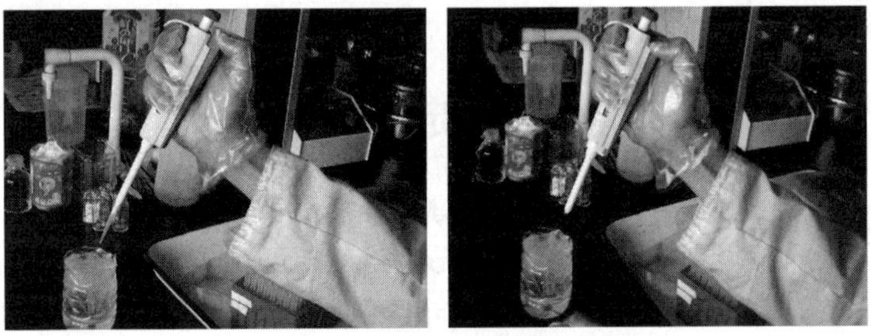
h. 按枪头弹射器弃去枪头

图 1-1　可调式移液器的使用方法

3. 移液器使用注意事项

（1）每天开始工作之前应检查移液器的外表面是否有灰尘或污物；若有，则小心抹去。

（2）吸取液体时应缓慢均匀吸取，避免液体溅到移液器头上；排出液体后拇指不应松开按钮，枪头离开液面后再将拇指松开，避免液体回吸。

（3）在调整取液量的旋钮时，不要用力过猛，并应注意计数器显示的数字不要超过其可调范围。

（4）连续可调式移液器在取样加样过程中应注意枪头不能触及其他物品，以免被污染；枪头盒、废液瓶、所取试剂及加样的样品管应按规定摆放，以方便操作和避免污染。

（5）可调式移液器在使用完毕后应放置于移液器支架上，远离潮湿及腐蚀性物质。

（6）在移液操作过程中，为防止液体进入加样器套筒内，必须注意：①压放按钮时保持平稳；②加样器不得倒转；③枪头中有液体时不可将加样器平放。

（7）移液器应根据使用频率进行维护，但至少应每 3 个月进行一次，具体方法如下：一般维护可用中性洗涤剂清洁，或者用 60%的异丙醇，然后用蒸馏水反复洗涤，去除洗涤剂或异丙醇，晾干。清洁后，在活塞处可使用一定量的润滑剂。如果有液体进入加样器内的严重污染，可将加样器拆开后进行清洁，具体拆开步骤可参照可调式移液器说明书操作。

三、液体的混匀

在生物化学与分子生物学实验中，除特殊情况外，一般每加一个试剂后，都要随时混匀，以保证反应充分进行，不混匀则往往影响实验结果。下面简单介绍几种混匀液体的方法，可根据使用器皿的液体容量而选用。

1. 旋转混匀法　手持容器作离心旋转，适用于未盛满液体的试管或小口器皿，如三角瓶等。

2. 弹指混匀法　左手持试管使之直立，以右手食指轻击试管之下部，使管内溶液作旋转流动。

3. 倒转混匀法　适用于有玻璃塞的瓶子，颠倒数次使液体混匀，如容量瓶等。

4. 弹动混匀法　以右手大拇指、食指、中指握住试管上部，将试管放平，于左手掌中弹动。

5. 吸管混匀法　用吸管将溶液反复吸放数次，适用于量少而无沉淀的液体。

6. 搅拌混匀法　适应烧杯等大口容器所盛之溶液的混匀，一般在配制混合试剂时，用玻棒搅拌以助溶，或混匀大量的溶液。

四、沉淀的分离

1. 过滤　一般生物化学与分子生物学实验中，常用过滤法分离沉淀，滤液用于各种分析。过滤用优质滤纸和小漏斗进行。先把圆形滤纸对折两次成圆锥体与漏斗内壁靠紧，滤纸与漏斗壁之间无气泡，使过滤速度加快，向滤纸上倾注液体，沿玻璃棒加于中央，加液量不要过多。

2. 离心分离　被分离的液体量过少或黏稠，难以过滤或不适于长时间过滤者，可离心分离（参见第一章第二节离心技术）。目前常用的电动离心机转速快，分离效果较好，能迅速地使溶液中的悬浮物沉淀下来，使上清液和沉淀物分离，用于进一步分析。

五、常用生物材料的处理

测定组织中某种物质的含量、分析研究物质代谢的过程和规律，经常使用动物的肝、肾、脑、黏膜和肌肉等组织，也选用全血、血浆、血清或者无蛋白血滤液等血液样品，有时也采用尿液、胃液等完成各种实验测试。掌握以上各种实验样品的正确处理和制备方法是保证实验顺利进行的关键。

测定用的血液，多由静脉采集。一般在空腹时采取，因为空腹时血液中化学成分含量比较稳定。采血时所用的针头、注射器，盛血容器要清洁干净。接血时应让血液沿着容器壁慢慢注入，以防溶血和产生泡沫。

（一）血浆的制备

在盛血的容器中先加入一定比例的抗凝剂（抗凝剂：血液 =1：9），将血液加到一定量后颠倒混匀，离心（一般为 3000rpm，离心 5～10min）后所得的上清液即为血浆。初用者最好将上清移至另一清洁容器，吸出血浆时用毛细吸管贴着液面逐渐往下吸，切忌不能吸起细胞成分。

富含血小板血浆制备：将获得的血液经 800rpm，离心 5min，其上清即为富含血小板血浆。

（二）血清的制备

获得的血液不能抗凝，盛于离心管或可以离心的器皿中，静置或置 37℃环境中促其凝固，待血液凝固后，将其平衡后离心（一般为 3000rpm，离心 5～10min），得到的上清液即为血清，可小心将上清吸出（注意切勿吸出细胞成分），分装备用。

（三）无蛋白血滤液的制备

测定血液或体液其他化学成分时，样品内蛋白质的存在常常干扰测定结果。因此，需要先做成无蛋白血滤液再行测定。

无蛋白血滤液制备的基本原理是以蛋白质沉淀剂沉淀蛋白，用过滤法或离心法除去沉淀的蛋白。现介绍几种常用的方法：

1. 钨酸法

（1）原理：钨酸钠与硫酸混合，生成钨酸。

$$Na_2WO_4 + H_2SO_4 \rightarrow H_2WO_4 + Na_2SO_4$$

血液中蛋白质在 pH 小于等电点的溶液中可被钨酸沉淀，悬浮液过滤或离心，上清液即为无色透明、pH 约等于 6 的无蛋白滤液。可供测定非蛋白氮、血糖、氨基酸、尿素、尿酸及氯化物等使用。

（2）制备方法：①取 50ml 锥形瓶 1 只，加入蒸馏水 7 份；②用奥氏吸管吸取抗凝血 1 份，擦去管壁外血液，将吸管插入锥形瓶底部，缓缓放出血液。放完血液后，将吸管提高吸取上清液再吹入，反复洗管 3 次。充分混合，使红细胞完全溶解；③加入 0.333mol/L 硫酸溶液 1 份，随加随摇，充分混匀，此时血液由鲜红变成棕色，静置 5～10min，使其酸化完全；④加入 10%钨酸钠 1 份，随加随摇；⑤放置约 5min 后，如振摇亦不再发生泡沫，说明蛋白质已完全变性沉淀。用定量滤纸过滤或离心（2500rpm，10min），即得完全澄清无色的无蛋白血滤液。

用此法制得的无蛋白血滤液为10倍稀释的血滤液。即每毫升血滤液相当于0.1ml全血。

2. 氢氧化锌法

（1）原理：血液中蛋白质在pH 大于等电点的溶液中可用Zn^{2+}来沉淀。生成的氢氧化锌本身为胶体，可将血中葡萄糖以外的许多还原性物质吸附而沉淀，所以此法所得滤液最适于血液葡萄糖的测定（因为葡萄糖多是利用它的还原性来定量的）。但测定尿酸和非蛋白氮时含量降低，不宜使用此滤液。

（2）制备方法：①取干燥、洁净的 50ml 锥形瓶或大试管 1 支，准确加入 7 份水；②加入混匀的抗凝血 1 份，摇匀；③加入 10 %硫酸锌溶液 1 份，摇匀；④慢慢加入 0.5mol/L 氢氧化钠溶液 1 份，边加边摇，放置 5min，用定量滤纸过滤或离心（2500rpm，10min），除去沉淀，便得到完全澄清的无蛋白血滤液。此滤液亦为稀释 10 倍之血滤液。

3. 三氯乙酸法

（1）原理：三氯乙酸为有机强酸，能使蛋白质变性而沉淀。

（2）制备方法：取 10%三氯乙酸 9 份置于锥形瓶或大试管中，加 1 份已充分混匀的抗凝血液。加时要不断摇动，使其均匀。静置 5min，过滤或离心。即得 10 倍稀释之清明透亮的滤液。

（四）尿液样品的处理

一般定性实验只需将尿收集一次即可，但一天之中各次排出尿液的成分随食物、饮水及一昼夜的内生理变化等影响而有很大的差异，因此定量测定尿液中各种成分皆应收集 24h 尿混合后取样。通常在早晨一定时间排出残余尿而弃去，以后每次尿皆收集于清洁大玻璃瓶中，到第二天早晨同一时间收集最后一次尿即可，随即混合并用量筒量准其体积。

收集的尿液如不能立即进行实验，则应置于冷处保存。必要时可在收集尿时在收集的玻瓶中加入防腐剂如甲苯、盐酸等，通常每升尿中约加入 5ml 甲苯或 5ml 盐酸即可。

如需收集动物尿液，可将动物置于代谢笼中，其排出的尿液经笼下漏斗流入瓶中而收集。

（五）组织材料的处理

在生物化学与分子生物学实验中，经常利用离体组织研究各种物质代谢途径和酶系的作用，或者从组织中分离、纯化核酸、酶以及某些有意义的代谢物质进行研究。

1. 动物的处死　在生物组织中，因含有大量的催化活性物质，离体组织的采集必须在冰冷条件下进行，并尽快完成测定，否则其所含物质的量和生物活性都将发生变化。一般采用断头法处死动物，放出血液，立即取出所需脏器或组织，除去脂肪和结缔组织，用冰冷生理盐水洗去血液，再用滤纸吸干，称重后，按实验要求制成匀浆或者组织糜。

2. 匀浆的制备

（1）组织糜：迅速将组织剪碎，用捣碎机绞成糜状，或加入少量砂于乳钵中，研磨至糊状。

（2）组织匀浆：取一定量新鲜组织剪碎，加入适量匀浆制备液，用高速电动匀浆器或者玻璃匀浆器磨碎组织。由于匀浆器的杵头在高速运转中会产生热量，因此在制备匀浆时，需将匀浆器置于冰水中。

常用的匀浆制备液有生理盐水、PBS 缓冲液和 0.25mol/L 的蔗糖液等，可根据实验的要求加以选择。

（3）组织浸出液：上述组织匀浆液再经过离心，分离出的上清液就是组织浸出液。

（王　顺）

第二节　常用技术及仪器的使用

一、离心技术与离心机

离心技术是借助于离心机旋转所产生的离心力，依据物质质量、密度、形状等物理性状不同而进行物质的分离、浓缩和分析的一项技术，广泛应用于生物制品、生物工程、食品科学、生物化学与分子生物学及医学等领域。

离心力（centrifugal force，F）与角速度的平方、颗粒到旋转中心轴距离成正比。公式为：$F=m\omega^2r$

式中 m：沉降颗粒的有效质量（g），ω：颗粒旋转的角速度（弧度/秒，rad/s）；r：颗粒的旋转半径（cm），即颗粒到旋转中心轴的距离。

由于不同离心机转子的半径或离心管到旋转中心轴的距离不同，即使相同转速情况下，产生的离心力不同，因此通常我们用相对离心力来反映颗粒在离心管中不同位置的离心力及其动态变化。相对离心力（relative centrifugal force，RCF）是指在离心场中，作用于颗粒的离心力相当于地球重力的倍数，单位是重力加速度“g”。只要 RCF 值相同，一个样品可以在不同的离心机上获得相同的结果。

$$\mathrm{RCF}=m\omega^2r/mg=\omega^2r/g=1.118\times10^{-5}\times n^2\times r$$

式中 m：沉降颗粒的有效质量（g），ω：颗粒旋转的角速度（弧度/秒，rad/s）；r：颗粒的旋转半径（cm），即颗粒到旋转中心轴的距离；g：重力加速度（980cm/s）；n：为转子每分钟的转速（rpm）。

（一）离心机的分类

离心机依据转子能达到的最高转速可分为三种：

1. 低速离心机　转速为 10 000rpm 以下，RCF 在 11 000×g 以下。低速离心机主要用于快速收集易沉降的物质、分离细胞、细胞碎片等颗粒物质及粗提的大颗粒。

2. 高速离心机　转速在 10 000rpm～30 000rpm，最大 RCF 为 90 000×g。高速离心机主要用于微生物、较大的细胞器、生物大分子等的分离、纯化和浓缩。

3. 超速离心机　转速大于 30 000rpm。超速离心机可用于亚细胞器的分级分离，病毒、蛋白质、核酸和多糖等生物大分子的分离和分子量的测定。

为防止生物大分子在高速离心过程中由于温度升高而失活，高速和超速离心机设有冷冻装置，可使温度控制在 0～4℃。

（二）离心机的组成

离心机主要由驱动电机、制冷系统（高速和超速离心机）、真空系统（超速离心机）、显示系统、自动保护系统和控制系统组成，配件有离心转子和离心管（图 1-2）。

离心转子分为角式转子和水平转子、垂直转子等。角式转子是指转子的离心管腔与转轴保持 20°～30°的固定角度。由于结构稳定，可装载较多的样品和使用较高的转速。水平

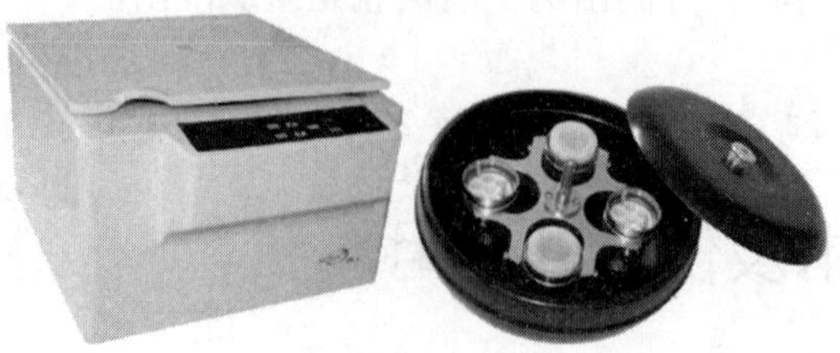
图 1-2　离心机与离心转子

转子也称吊篮式转子。静止时离心管垂直挂在转头上，当转子转速达 600rpm 后达到水平位置，通常一个转子挂 3 个或 6 个吊篮。用水平转子离心时，样品沉降方向是顺管子的轴向移动的，最后沉降在管底。便于收集，但由于转头结构复杂，最高转速相对要低，容量也小一些。

离心管主要有玻璃、塑料和不锈钢离心管。

（三）离心机的使用

1. 平衡　将装有待离心样品的离心管放入天平的一侧，用相同的离心管加水放入天平的另一侧配平。

2. 对称　将已平衡好的离心管放入离心机的对称位置，盖好离心机盖。

3. 启动　选择离心机上面的"选择"按钮，进行转速和时间的设定，然后按"开始"按钮。在使用冷冻离心机前要先预冷，当达到所设温度时选择"开始"按钮，启动离心机。

4. 结束　当离心结束后，离心机显示转速为"0"时，取出离心管，关闭离心机。

（四）离心机使用注意事项

1. 离心机需放在牢固平稳的平面上，保持水平位置。

2. 使用离心机，关键问题是对称位置离心力平衡，不仅对称位置上的总重量相等，而且重心所在位置也应对称，只有这样才能保证仪器正常运转和得到较好的离心效果。

3. 启动或离心过程中出现异常响声时，要及时停机进行检查。

4. 离心过程中勿使液体溅出腐蚀机体，机腔内保持干燥清洁。

5. 离心机要经常检查和维修。

（杨　菁）

二、分光光度分析技术与分光光度计及酶标仪

（一）分光光度分析技术的基本原理

分光光度分析技术是利用物质对某种波长的光具有选择性吸收的特性建立起来的物质定性或定量的一项技术。分光光度分析技术用分光光度计进行测定，以棱镜或光栅为分光器，获得单色光。分光光度分析技术根据光源和测定原理分为紫外分光光度法、可见分光光度法和红外分光光度法。当一束单色光通过溶液时，一部分被吸收，一部分则透过溶液。设入射光强度为 I_0，透射光强度为 I_t，则透光度 T 为 I_t/I_0，光吸收值 A 可表示为 $A=-\lg T$。根据 Lambert-Beer 定律，当一束单色光通过均一溶液时，该溶液对光的吸收的程度与溶液的浓度和溶液的厚度的乘积成正比。其关系式为：

$$A=-\lg T=KCL$$

式中 T：透光度，C：溶液浓度，L：溶液厚度（cm），K：消光系数（常数，与物质种类、光线波长和溶液温度有关）。

（二）分光光度计（以 722 型可见分光光度计为例）

1. 722 型可见分光光度计构造　722 型可见分光光度计由光源室、单色器、试样室、光电管暗盒、电子系统及数字显示器等部件组成。光源为钨卤素灯，波长范围为 330～800nm。单色器中的色散元件为光栅，可获得波长范围狭窄的接近于一定波长的单色光。其外部结构如图 1-3 所示。722 型分光光度计能在可见光谱区域内对样品物质作定性和定量分析，其灵敏度、准确性和选择性都较高，因而在教学、科研和生产上得到广泛使用。

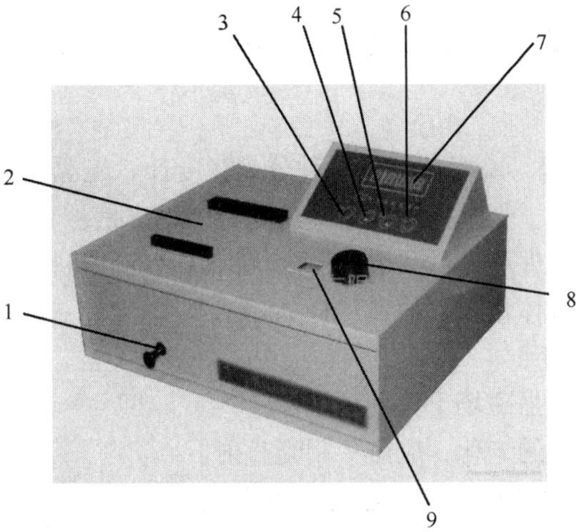

图 1-3　722 型可见分光光度计

1. 试样架拉手　2. 样品室　3.选择开关　4. Enter/print 键　5. 0%T 旋钮　6. 100%T 旋钮　7. 数字显示器　8. 波长手轮　9.波长刻度窗

2. 722 型可见分光光度计使用方法

（1）预热仪器：将选择开关置于“T”，打开电源开关，使仪器预热 20min。为了防止光电管疲惫，不要连续光照，预热仪器时和不测定时应将试样室盖打开，使光路切断。

（2）选定波长：根据实验要求，转动波长手轮，调至所需要的单色波长。波长的选择一般是选择待测物质最大吸收峰的波长（λ_{max}）。

（3）固定灵敏度挡：在能使空白溶液很好地调到“100%”的情况下，尽可能采用灵敏度较低的挡，使用时，首先调到“1”　挡，灵敏度不够时再逐渐升高。但换挡改变灵敏度后，须重新校正“0%”和“100%”。选好的灵敏度，实验过程中不要再变动。

（4）调节 T=0%：轻轻旋动“0%”旋钮，使数字显示为“00.0”，（此时试样室是打开的）。

（5）调节 T=100%：将盛蒸馏水（或空白溶液，或纯溶剂）的比色皿放入比色皿座架中的第一格内，并对准光路。盛有待测溶液的比色皿依次放入比色皿座架中的其他格内。盖上试样室盖，调节透过率“100%”旋钮，使数字显示正好为“100.0”。

（6）吸光度的测定：将选择开关置于“A”，因空白液置于光路中，此时数字显示为“.000”。轻轻拉动试样架拉手，使待测溶液进入光路，此时数字显示值即为该待测溶液的吸光度值。依次读数后，打开试样室盖，切断光路。

（7）重复上述测定操作 1～2 次，读取相应的吸光度值，取平均值。

（8）浓度的测定：选择开关由“A”旋置“C”，将已标定浓度的样品放入光路，调节浓度旋钮，使得数字显示为标定值，将被测样品放入光路，此时数字显示值即为该待测溶液的浓度值。

（9）关机：实验完毕，切断电源，将比色皿取出洗净，并将比色皿座架用软纸擦净。

3. 注重事项

（1）为了防止光电管疲惫，不测定时必须将试样室盖打开，使光路切断，以延长光电管的使用寿命。

（2）取拿比色皿时，手指只能捏住比色皿的毛玻璃面，而不能碰比色皿的光学表面。

（3）比色皿不能用碱溶液或氧化性强的洗涤液洗涤，也不能用毛刷清洗。比色皿外壁附着的水或溶液应用擦镜纸或细而软的吸水纸吸干，不要擦拭，以免损伤它的光学表面。

（三）酶标仪

1. 酶标仪的基本原理 酶标仪也是一种分光光度计。光源经单色器变成一束单色光，再穿过酶标板的待测样本。光电检测器将穿过酶标板的光信号转换成电信号。电信号再经前置放大，模拟转换等处理后显示结果。酶标仪由电脑控制机械驱动，一次可测定多个样品，又由于检测需要的液体量少，故节约样品。

2. 酶标仪的工作环境

（1）仪器应放置在无强磁场干扰的环境。

（2）为延缓光学部件的老化，应避免阳光直射。

（3）操作环境温度应在 15～40℃之间，环境湿度在 15%～85%之间。

（4）操作环境空气清洁，避免水汽、烟尘。

（5）要有干燥、干净、水平的工作台面，以及足够的操作空间。

3. 酶标仪的使用方法

（1）打开酶标仪开关，预热 15min 以上。

（2）打开电脑，打开酶标仪专用程序。

（3）建立测定的方法。选择测定的波长、酶标板的类型，以及测定的位置等。

（4）建立好方法后，将多孔板放入到酶标仪，仪器开始读取数据。

（5）酶标仪读取完数据后，酶标板托架自动弹出。读取实验结果。

（6）取出酶标板，按关闭程序→关闭计算机→关闭酶标仪的顺序关机。

（7）清洁工作台面，做好仪器使用记录。

4. 酶标仪的使用注意事项

（1）用毕，要拿下测试完的反应板，不要将反应板留在载物台上。

（2）若有液体溅到载物台或酶标仪外壁，应用湿抹布及时擦去。

（3）酶标板要干净。

（4）每次使用完毕用湿抹布擦拭酶标仪，以保持其洁净。

（杨　菁）

三、电泳技术与电泳仪

（一）电泳技术的发展与应用

电泳是指带电粒子在一定的电场作用下，向着与其电性相反的电极做定向移动。许多重要的生物分子，如氨基酸、多肽、蛋白质、核苷酸、核酸等都具有可电离基团，它们在某个特定的 pH 下可以带正电或负电，在电场的作用下，这些带电分子会向着与其所带电荷极性相反的电极方向移动。依赖电泳现象建立的分离、纯化、鉴定蛋白质及核酸等生物大分子的技术称为电泳技术。电泳现象由俄国物理学家于 1809 年首次发现。1937 年，瑞典科学家 Tiselius 发明 Tiselius 电泳仪，并第一次将人血清蛋白分离出清蛋白和 α、β、γ 球蛋白，并因此获得 1948 年诺贝尔化学奖。1948 年，Wieland 和 Fischer 发展了以滤纸作为支持介质的电泳方法，对氨基酸进行了分离研究。特别是 1950 年 Durrum 用纸电泳进行了各种蛋白质的分离以后，开创了利用各种固体物质（如各种滤纸、乙酸纤维素薄膜、琼脂凝胶、淀粉凝胶等）作为支持介质的区带电泳方法。1959 年 Raymond 和 Weintraub 利用人工合成的凝胶作为支持介质，创建了聚丙烯酰胺凝胶电泳技术，极大地提高了电泳技术的分辨率，开创了近代电泳的新时代。由 20 世纪 80 年代发展起来的毛细管电泳技术，是化学和生物化学与分子生物学分析鉴定技术的重要发展。

随着电泳技术的发展，对电泳结果的分析处理也建立了多种检测方法：染色、扫描、放射自显影、活性检测等。目前电泳技术已广泛应用于生物化学与分子生物学、医学、药学、食品、农业、环保等学科领域，是蛋白质、多肽、核酸等生物大分子研究中应用最普遍、分辨率最高的分析鉴定技术。

（二）电泳的分类

1. 电泳根据其分离原理不同可分为三类　自由界面电泳、稳态电泳和区带电泳。

（1）自由界面电泳：指以溶液为介质在 U 型管中进行的电泳，没有固相支持介质，所以可能由于扩散和对流效应，而使分离效果较差。

（2）稳态电泳：是带电粒子的迁移在一定时间内达到稳态，即带的宽度不随时间而改变，如等电聚焦电泳。

（3）区带电泳：指有固相支持介质的电泳，在某一固相支持介质中将混合物分离成若干条区带的电泳过程。这是当前应用最为广泛的电泳技术，由于样品在固相介质中进行电泳分离，减少了扩散和对流效应，分离效果较好。

区带电泳根据不同的分类标准又可分为：

1）按支持物的物理性状不同可分为：滤纸及其他纤维（如乙酸纤维、玻璃纤维、聚氯乙烯纤维薄膜）电泳；凝胶电泳（如琼脂糖凝胶、聚丙烯酰胺凝胶、淀粉凝胶电泳）；粉末电泳（如淀粉、玻璃粉、纤维素粉电泳）。

2）按支持物的装置形式不同可分为：水平板电泳、垂直板电泳、垂直柱形电泳（圆盘电泳）、连续液动电泳等。

3）按 pH 的连续性不同可分为：连续 pH 电泳，即整个电泳过程 pH 保持不变，如纸电泳、薄膜电泳等；非连续 pH 电泳，即电极缓冲液和电泳支持物的缓冲液间的 pH 不同的电泳，如聚丙烯酰胺凝胶电泳。

2. 按电泳用途不同可分为：分析电泳、制备电泳、定量免疫电泳和连续制备电泳。

3. 按电压不同可分为：

（1）低压电泳：100～500V，电泳时间较长，适用于分离蛋白质、核酸等生物大分子。

（2）高压电泳：1000～5000V，电泳时间短，有时只需几分钟，多用于氨基酸、多肽、核苷酸和糖类等小分子物质的分离。

（三）电泳的原理

电泳是指带电颗粒在电场的作用下发生迁移的过程。电泳的基本原理是在两个平行电极上加一定的电压（V），就会在电极中间产生电场强度（E），$E=V/L$，式中 L 是电极间距离。在稀溶液中，电场对带电分子的作用力（F），等于所带净电荷与电场强度的乘积：

$$F=q \cdot E$$

上式中 q 是带电粒子的净电荷，E 是电场强度。这个作用力使得带电粒子向其电荷相反的电极移动。在移动过程中，粒子会受到介质黏滞力的阻碍。黏滞力（F'）的大小与粒子的大小、形状、电泳支持介质的孔径大小以及缓冲液黏度等有关，并与带电粒子的移动速度成正比，对于球状颗粒，F'的大小服从 Stokes 定律，即：

$$F'=6\pi r\eta v$$

式中 r 是球状颗粒的半径，η 是缓冲液黏度，v 是电泳速度（$v=d/t$，单位时间粒子运动的距离，cm/s）。

当带电粒子匀速移动时：$F=F'$，所以 $q \cdot E = 6\pi r\eta v$

电泳迁移率（m）是指在单位电场强度（1V/cm）下带电粒子的迁移速度，所以迁移率公式：

$$m = v/E = q/6\pi r\eta$$

由上式可以看出，迁移率与带电粒子所带净电荷成正比，与粒子的大小和缓冲液的黏度成反比。

（四）影响电泳的主要因素

1. 生物大分子的性质 包括生物大分子的等电点 pI、分子的大小和形状。在相同溶液 pH 条件下，分子的 pI 与 pH 差别越大，分子所带电荷越多。分子带电荷量越多，分子越小，越接近于球形，分子的电泳迁移率越快。

2. 缓冲液 主要包括缓冲液的 pH、缓冲液的离子强度和缓冲液黏度。

（1）缓冲液的 pH：溶液 pH 大于生物大分子 pI 时，分子带负电荷，溶液 pH 小于等电点时，分子带正电荷。蛋白质的 pI 一般在 5.0 左右，所以蛋白质电泳时一般用 pH8.6 缓冲液；而核酸含有磷酸，因而其等电点较低，核酸电泳时的缓冲液通常为弱碱性。

（2）缓冲液的离子强度：为了保证电泳分离效果，保持样品中生物大分子的电荷及缓冲液 pH 的稳定很重要，这就要求缓冲液要保持一定的离子强度。一般最适的离子强度为 0.02～0.2，如果离子强度过低，则缓冲液的缓冲能力低，不易维持所需 pH，也会导致粒子所带电荷状态改变而影响电泳。如果离子强度过高，则会使电泳速度减慢。主要由于溶液离子强度高，会在待分离分子周围形成较强的带相反电荷的离子扩散层，结果导致被分离颗粒电动势降低，速度减慢。

（3）缓冲液黏度：迁移率与溶液的黏度成反比。

3. 电场强度 电场强度是指电泳支持介质上每厘米的电位降，也称电势梯度。电场强度决定电泳速度，电场强度越高，电泳速度越快。但是电场强度越大，电泳过程产热越多，会影响电泳效果，可引起如：样品分离带的加宽，蛋白质变性，介质中间的黏度下降，电泳迁移率增大，而使电泳分离带呈笑脸形。

4. 电泳支持介质 目前常用的电泳支持介质有乙酸纤维薄膜、玻璃纤维薄膜、聚丙烯酰胺凝胶和琼脂糖凝胶等，支持介质的理化性质和结构特点对迁移率有影响，如介质对样品有吸附作用，造成电泳结果有拖尾现象；有的介质为多孔结构，其表面常存在一些带电基团，会吸附溶液中的离子，在电场作用下，会形成介质表面溶液的流动，称为电渗现象。如果电渗作用方向与电泳方向相同，则会加快电泳速度，如相反，则降低电泳速度。凝胶本身具有空隙结构，作为电泳支持介质对带电粒子有分子筛作用。

（五）常用电泳技术

1. 聚丙烯酰胺凝胶电泳　聚丙烯酰胺凝胶（polyacrylamide gel）是由单体丙烯酰胺（acrylamide，Acr）和交联剂 *N*，*N*'-亚甲基双丙烯酰胺（*N*，*N*'-methylenebisacrylamide，Bis）在增速剂和催化剂的作用下聚合而成的三维网状结构的凝胶。其优点是在一定浓度时，凝胶透明，有弹性，机械强度好、化学性质稳定、无电渗作用、分辨率高、样品分离重复性好、样品不易扩散且用量少、灵敏度高、凝胶孔径可调节。可应用于蛋白质、酶和核酸等生物大分子的分离、定性、定量及制备，并可测得蛋白质的分子量和等电点，研究蛋白质的构象变化等。

2. 琼脂糖凝胶电泳　天然琼脂由琼脂糖和琼脂胶组成，琼脂糖是由半乳糖及其衍生物构成的中性物质，不带电荷。一般常用 1%琼脂糖作为电泳支持介质。琼脂糖凝胶电泳主要用于 DNA 分离和免疫电泳。

3. 等电聚焦电泳　等电聚焦电泳（isoelectric focusing，IEF）是 20 世纪 60 年代后期发展起来的技术，具有分辨率高，重复性好，样品容量大，操作简便迅速的优点。等电聚焦电泳是使电泳的介质中形成一定范围的 pH 梯度，电泳时待分离的两性分子可以在这种 pH 梯度中迁移，直到聚集于与其等电点相同的区域。该技术特别适用于分子量相近而等电点不同的蛋白质分离和分析。

4. 双向电泳　双向电泳是由 O'Farrel 等在 1975 年建立的电泳技术。是将样品电泳后，在它的垂直方向再进行第二向电泳。目前的双向电泳大都是第一向为等电聚焦电泳，第二向为梯度 SDS-PAGE。样品中的蛋白质经过电荷和分子量的两次分离后，就可以得到蛋白质等电点和分子量的信息，电泳结果不是带，而是点。这是目前电泳技术中分辨率最高，信息量最多的技术。

（六）电泳装置

目前常规使用的电泳仪器是凝胶电泳仪。凝胶电泳系统一般由电泳槽、电源和冷却装置组成（图 1-4），还有一些配套装置，如灌胶模具、染色用具、电泳转移仪、凝胶干胶仪、凝胶扫描仪等。电源提供直流电，在电泳槽中产生电场，驱动带电分子的迁移。一般常用稳流稳压电源。电泳槽是电泳系统的核心部分。电泳槽可以分为水平式和垂直式两类。垂直板式电泳是较为常见的一种，常用于聚丙烯酰胺凝胶电泳中蛋白质的分离。电泳槽中间是夹在一起的两块玻璃板，玻璃板两边由塑料条隔开，在玻璃平板中间制备电泳凝胶，凝胶的大小通常是 12～14cm，厚度为 1～2mm，近年来新研制的电泳槽，胶面更小、更薄，以节省试剂和缩短电泳时间。制胶时在凝胶溶液中放一个塑料梳子，在胶聚合后移去，形成上样品的凹槽。水平式电泳，凝胶铺在水平的玻璃或塑料板上，电泳过程应在适当的缓冲液中进行的，缓冲液可以保持待分离物的带电性质的稳定。

（王　顺）

a.电源　b.水平电泳槽　c.垂直板电泳槽　d. 转印电泳槽　e. 圆盘电泳槽

图 1-4　电泳装置与电泳槽

四、层析技术与层析柱

层析技术是近代生物化学最常用的分离技术之一。它是利用混合物中各组分的理化性质（吸附力、分子形状和大小、分子极性、分子亲和力、分配系数等）的差异，在物质经过两相中，不断地进行交换、分配等过程。任何层析都具有两个相，即固定相和流动相。

固定相固定不动，流动相相对固定相作单相的相对运动，从而推动样品中各组分通过固定相向前移动。由于混合物中各组分的理化性质不同，对流动相和固定相具有不同的作用力，因此在流动相推动样品通过固定相的过程中，通过不断的吸附—解吸□吸附□解吸作用，造成混合物中各组分距离不等的迁移，从而达到分离的目的。层析技术的分类方法有多种。根据两组分所处的物理状态可分为：气相层析和液相层析。气相层析指的是流动相为气体，固定相可以是液体（气液层析）也可以是固体（气固层析）；液相层析指的是流动相为液体，固定相可以是液体（液液层析）也可以固体（液固层析）。根据层析的方式可分为：纸层析、薄层层析和柱层析。纸层析指的是滤纸作固定相进行的层析；薄层层析是将固定相研成粉末，再压成薄膜或薄板，类似于纸层析；柱层析是将固定相装于柱内的层析。根据层析的原理可分为：吸附层析、分配层析、离子交换层析、凝胶层析和亲和层析。下面根据层析的原理，依次介绍这些层析。

市场上有各种规格的柱层析分离柱。柱子长了，相应的塔板数就高，分离就好。目前市场上的柱子，其径高比一般在 1∶5～1∶10 范围，在实际使用时，填料量一般是样品量的 30～40 倍，具体的选择要根据样品的性质和含量进行具体分析。如果所需组分和杂质的分离度较大，就可以减少填料量，使用内径相对较小的柱子（如 2cm×20cm 的柱子）；如果比移值（R_f）相差不到 0.1，就要加大柱子，增加填料量，比如用 3cm 内径的柱子。

（一）吸附层析

任何两个相都可以形成表面，其中一个相的物质或溶解在其中的溶质，在另一相表面上密集的现象，称为吸附。其中，能够将其他物质聚集到自己表面上的物质，称吸附剂；聚集于吸附剂表面的物质称吸附物。当混合物随流动相流经由吸附剂组成的固定相时，由于吸附剂对不同的物质具有不同的吸附力，从而使不同组分的移动速度也不相同，最终达到分离的目的。由于吸附过程可逆的，因此被吸附物在一定条件下可以解析出来。假如混合物中含 A、B 两种物质，在洗脱过程中，随着流动相流经固定相，它们会连续不断地分别产生解吸□吸附□解吸□吸附的现象。由于洗脱液和吸附剂对 A、B 的解吸（溶解）与吸附力不同，A 和 B 的移动速度也就不同。溶解度大而吸附力小的物质走在前面；溶解度小而吸附力大的物质走在后面。经过一段时间以后，A、B 两种物质就会分开。

（二）分配层析

分配层析是利用混合物中各组分在两种不同溶剂中的分配系数不同而使物质得到分离的方法。

分配系数是指一种溶质在两种互不相溶的溶剂中的溶解达到平衡时，该溶质在两种溶剂中所具浓度之比。不同的物质因其在各种溶剂中的溶解度不同，因而具有不同的分配系数。在一定温度下，分配系数可用下式表示：

$$K_d = C_2/C_1$$

式中，K_d 为分配系数；C_2 是物质在固定相中的浓度；C_1 是物质在流动相中的浓度。分配系数与温度、溶质及溶剂的性质有关。

在分配层析中，大多选用多孔物质作为支持物，利用它对极性溶剂的亲和力，吸附某种极性溶剂作为固定相；用另一种非极性溶剂作为流动相。如果把待分离的混合物样品点在多孔支持物上，在层析过程中，非极性溶剂沿支持物流经样品点时，样品中的各种混合物便会按分配系数大小流动相而向前移动。当遇到前方的固定相时，溶于流动相的物质又将与固定相进行重新分配，一部分转入固定相中。因此，随着流动相的不断向前移动，样品中的物质便在流动相和固定相之间进行连续地、动态地分配。这种情形相当于非极性溶剂从极性溶剂中对物质的连续抽提过程。由于各种物质的分配系数不同，分配系数较大的物质留在固定相中较多，在流动相中较少，层析过程中向前移动较慢；相反，分配系数较小的物质进入流动相中较多而留在固定相中较少，层析过程中向前移动就较快。根据这一原理，样品中的各种物质就能分离开来。分配层析中应用最广泛的多孔支持物是滤纸，称纸上分配层析。其次是硅胶、硅藻土、纤维素粉、微孔聚乙烯粉等。

纸上分配层析（纸层析）设备简单、价格低廉，常用于氨基酸、肽类、核苷酸、糖、维生素、有机酸等多种小分子物质的分离、定性和定量。纸层析是以滤纸作为惰性支持物。滤纸纤维与水有较强的亲和力，能吸收22%左右的水，而且其中6%～7%的水是以氢键形式与纤维素的羟基相结合，在一般条件下较难脱去。而滤纸纤维与有机溶剂的亲和力很小，所以纸层析是以滤纸的结合水为固定相，以有机溶剂为流动相。当流动相沿纸经过样品点时，样品点上的溶质在水和有机溶剂之间不断地进行分配，一部分样品随流动相向前移动，分配，其中的一部分溶质由流动相又进入水相（固定相）。随着流动相的不断流动，各种不同组分按其各自的分配系数，不断地在流动相和固定相之间进行分配，并沿着流动相向前移动，从而使各种物质得到分离和提纯。

（三）离子交换层析

离子交换层析（ion exchange chromatography）是广泛应用于微生物发酵、医药、化工和水质的处理等，分离的对象多为小分子物质。

离子交换层析是利用离子交换剂对各种离子的亲和力不同，借以分离混合物中各种离子的一种层析技术（图 1-5）。其主要特点是依靠带有相反电荷的颗粒之间具有引力的作用。离子交换层析的固定相是载有大量电荷的离子交换剂；流动相是具有一定 pH 和一定离子

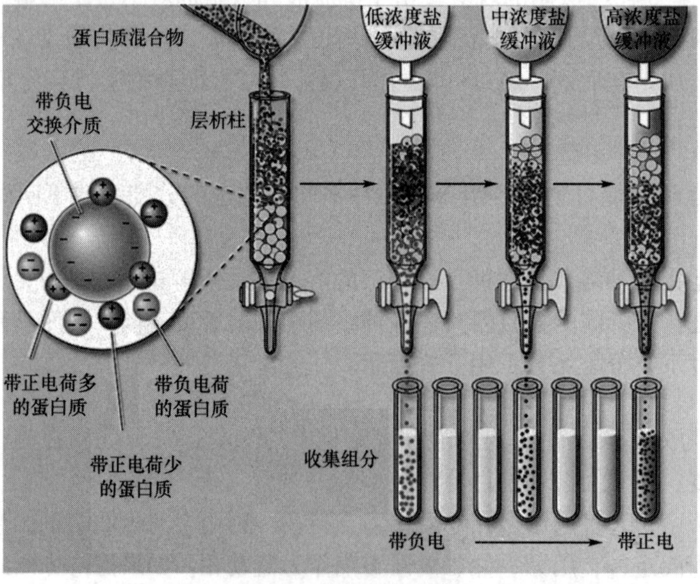

图 1-5　离子交换层析

强度的电解质溶液。当混合物溶液中带有与离子交换剂相反电荷的溶质流经离子交换剂时，后者即对不同溶质进行选择性吸附。随后，用带有与溶质相同电荷的洗脱液进行洗脱，被吸附的溶质可被置换而洗脱下来，从而达到分离混合物中各种带电荷溶质的目的。离子交换剂按其所带电荷的性质分为阴离子交换剂和阳离子交换剂两类。阴离子交换剂本身带有正电荷，可以吸引并结合混合物中带负电荷的物质；阳离子交换剂本身带有负电荷，可以吸引并结合混合物中带正电荷的物质。

常用的离子交换剂主要有离子交换树脂、离子交换纤维素、离子交换葡聚糖或离子交换琼脂糖凝胶等。

（四）凝胶层析

凝胶层析又称凝胶过滤、凝胶色谱、分子筛层析、分子排阻层析等，是一种快速简便的分离方法。目前已在生物化学、分子生物学、生物工程学及医药学等有关领域中得到应用。

凝胶层析中固定相是凝胶，凝胶是一种不带电荷的具有三维空间的多孔网状结构，凝胶的每个颗粒内部都具有很多细微的小孔，如同筛子一样，小的分子可以进入凝胶网孔，而大的分子则被排阻于凝胶颗粒之外，因而具有分子筛的性质。混合物随流动相流经固定相的层析柱时，混合物中各组分按其分子大小不同而被分离。当混合物样品加入到凝胶的层析柱中时，样品将随洗脱液的流动而移动。这时的样品一般作两种运动：一是随洗脱液垂直向下移动；二是作不定向扩散运动。分子量小的物质，在不定向扩散中可以进孔内部，然后再扩散出来，故流程长，通过柱子的速度慢，一般后流出层析柱；分子量大的物质，由于不能进入到凝胶孔内部，只能在凝胶颗粒之间移动，故流程短，先流出层析柱。这样，分子量大小不同的混合物就会按照分子从大到小的顺序得到分离（图 1-6）。

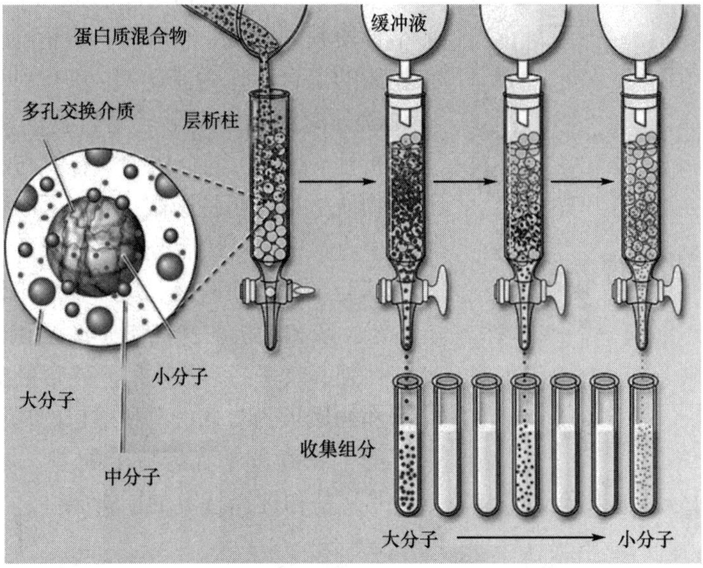

图 1-6　凝胶过滤层析

常用的凝胶主要有琼脂糖凝胶、交联葡聚糖凝胶、聚丙烯酰胺凝胶、琼脂糖-葡聚糖复合凝胶等。

1. 琼脂糖凝胶　是从琼脂中分离出来的天然凝胶，由 *D*-半乳糖和 3，6-脱水-*L*-半乳糖交替结合而成。其商品名因生产厂家不同而异，如 Sepharose（瑞典）、Sagavac（英国）、Bil-Gel（美国），每一品名又有不同的型号。琼脂糖凝胶的优点是凝胶不带电荷，吸附能力非常小。主要用于分离分子量 40 万以上的物质，如核酸、病毒等。

2. 交联葡聚糖凝胶 其基本骨架是葡聚糖。瑞典出品的商品名为 Sephadex，国产的商品名为 Dextran。不同型号的凝胶用“G”表示，从 G-25～G-200。“G”后面的数字表示每 10 克干胶的吸水量，“G”值越大，表示凝胶的网孔越大。可根据待分离混合物分子量的大小，选用不同“G”值的凝胶。

3. 聚丙烯酰胺凝胶 由单体丙烯酰胺先合成线性聚合物，再以交联剂共聚交联而成。以“P”表示，从 P-2～P-300。“P”后的数字×1000 表示分子量的排阻极限。

4. 琼脂糖-葡聚糖复合凝胶 商品名为 Superdex，是把葡聚糖凝胶，通过交联剂交联到琼脂糖上，因此具有二者的优点。

（五）亲和层析

生物体内有许多高分子化合物，具有和某些对应的专一分子可逆结合的特性。例如，酶蛋白和辅酶、抗原和抗体、激素与其受体等都具有这种特性。这种生物大分子和配基之间形成专一的可解离的络合物的能力称为亲和力。亲和层析的基本过程是，把欲分离的可亲和的一对分子的一方作为配基，在不伤害其生物功能的情况下，与不溶性载体结合使其固定化，然后装入层析柱。把含有欲分离物质的混合液作为流动相，在有利于固定相的配基和欲分离物质之间形成络合物的条件下进入亲和层析柱。这时，混合物中只有能与配基形成络合物的物质才被层析柱吸附，不能形成络合物的杂质从柱中直接流出。然后改变流过层析柱的溶液，促使配基与亲和物质解离，从而释放出亲和物质来（图 1-7）。亲和层析的优点是条件温和、操作简单，专一性强、效率高，尤其是分离含量少而又不稳定的活性物质最为有效。亲和层析的局限性是，不是所有的生物高分子都有特定配基，所以使用范围较窄。另外，针对分离的对象必需制备专一的配基和选择特定的层析条件。

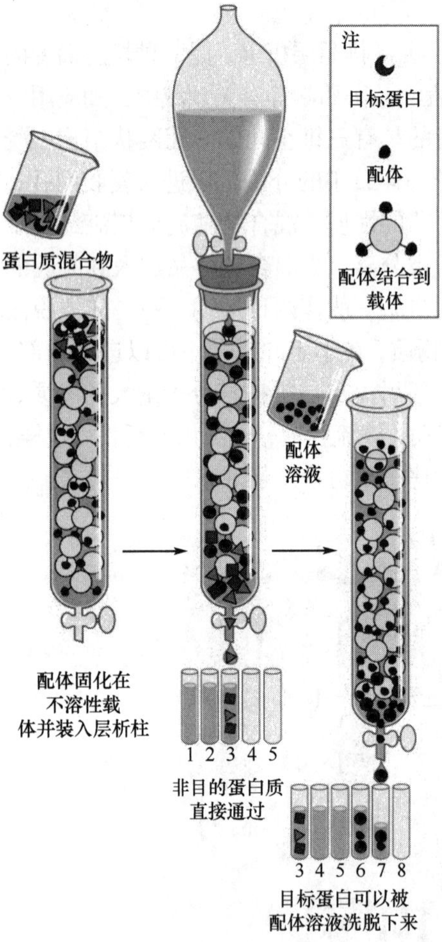

图 1-7 亲和层析

（王 顺）

五、体外 DNA 扩增技术与 PCR 仪

聚合酶链式反应（polymerase chain reaction，PCR）又称 PCR 技术，是体外扩增

DNA 序列的技术。1985 年，美国科学家 Kary Mullis 在高速公路的启发下，经过两年的努力，发明了 PCR 技术，并在 Science 杂志上发表了关于 PCR 技术的第一篇学术论文。从此，PCR 技术得到了生命科学界的普遍认同，Kary Mullis 也因此而获得 1993 年的诺贝尔化学奖。它与分子克隆和 DNA 序列分析方法几乎构成了整个分子生物学实验工作的基础。在这三种技术中，PCR 方法理论上出现最早，实践中应用也最广泛。PCR 技术使对微量的核酸（DNA 或 RNA）操作变得简单易行，同时还可以使核酸研究脱离活体生物。PCR 技术的发明是分子生物学的一项革命，它极大地推动了分子生物学以及生物技术产业的发展。由于这种方法操作简单、实用性强、灵敏度高并可自动化，因而在分子生物学、基因工程研究以及对遗传病、传染病和恶性肿瘤等基因诊断和研究中得到广泛应用。

聚合酶链反应的原理类似于 DNA 在的体内复制，只是在试管中给 DNA 的体外合成提供一种合适的条件，以拟扩增的 DNA 分子为模板，用一对分别与模板互补的寡核苷酸片段为引物，在 DNA 聚合酶的作用下，按照半保留复制的机理沿着模板链延伸直至完成新的 DNA 合成。通过不断重复这一过程，可以使目的 DNA 片段得到扩增。另一方面，新合成的 DNA 片段也可以作为模板，因而 PCR 技术可使 DNA 的合成量呈指数型增长，在一个试管内将一种目的基因或某一 DNA 片段于数小时内扩增至十万乃至百万倍，使肉眼能直接观察和判断。

PCR 反应的基本条件是：①以 DNA 为模板（在 RT-PCR 中模板是 RNA）；②以寡核苷酸为引物；③需要 4 种 dNTP 作为底物；④有 Taq DNA 聚合酶。

PCR 是一种级联反复循环的 DNA 合成过程。PCR 技术的基本反应由三个步骤组成：①变性：通过加热使模板 DNA 完全变性成为单链，同时引物自身和引物之间存在的局部双链也得以消除；②退火：将温度下降至适宜温度，使引物与模板 DNA 退火结合；③延伸：将温度升高，热稳定 DNA 聚合酶以 dNTP 为底物催化合成 DNA 链延伸。

以上三步为一个循环，新合成的 DNA 分子又可以作为下一轮合成的模板，经多次循环后即可达到扩增 DNA 片段的目的（图 1-8）。

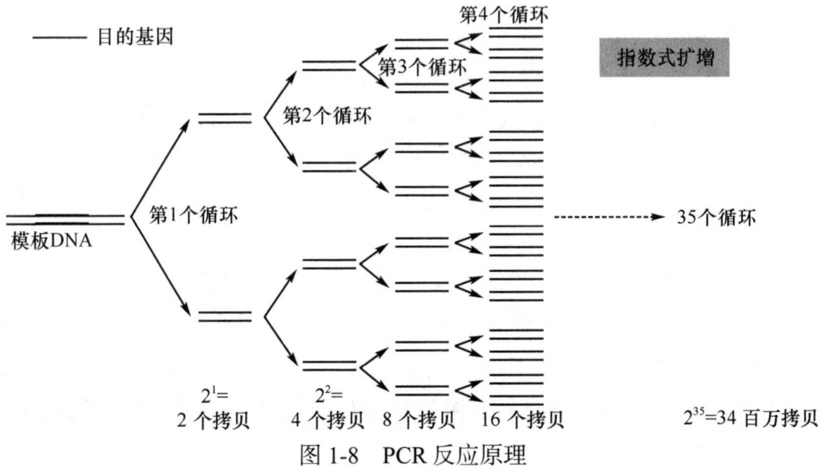

图 1-8　PCR 反应原理

经过几十年的发展，到目前为止 PCR 技术已有十几种之多，例如，将 PCR 与反转录酶结合，成为反转录 PCR，将 PCR 与抗体等相结合就成为免疫 PCR 等。

（一）反转录 PCR

反转录 PCR（reverse transcription PCR，RT-PCR）是将 RNA 的反转录（reverse transcription）和 cDNA 的聚合酶链式扩增（PCR）相结合的技术。首先经反转录酶的作用从 RNA 合成 cDNA，再以 cDNA 为模板，扩增合成目的片段。RT-PCR 技术灵敏而且用途广泛，可用于检测细胞中基因表达水平，细胞中 RNA 病毒的含量和直接克隆特定基因的 cDNA 序列。作为模板的 RNA 可以是总 RNA、mRNA 或体外转录的 RNA 产物。

RT-PCR 可以通过一步法或两步法的形式来实现。一步法即将反转录和 PCR 扩增在同一管内完成，减少加样步骤，有助于减少污染。由于所有的 cDNA 产物都用于 PCR 扩增，其灵敏度非常高，尤其适用于检测大量样品和实时定量 PCR。两步法将反转录和 PCR 扩增分开进行，在选择 DNA 聚合酶（如高保真度、高特异性、长片段等）和引物时具有更大的灵活性。

（二）原位 PCR

将原位杂交的细胞定位技术和 PCR 的高灵敏度相结合，产生了原位 PCR（*in situ* PCR）技术。其原理是以组织固定处理细胞内的 DNA 或 RNA 作为靶序列，进行 PCR 反应的过程。与其他 PCR 方法不同的是，原位 PCR 不必从组织细胞中分离模板 DNA 或 RNA。如冷冻的组织或经有机试剂固定的组织细胞，用蛋白酶，DNA 酶处理，进行原位的反转录，再加入 PCR 扩增试剂，进行原位 PCR 反应。用于检测靶基因的细胞定位、组织分布及靶基因的表达等。

（三）实时 PCR

聚合酶链式反应可对特定核苷酸片断进行指数级的扩增。在扩增反应结束之后，我们可以通过凝胶电泳的方法对扩增产物进行定性的分析，也可以通过放射性核素掺入标记后的光密度扫描来进行定量的分析。无论定性还是定量分析，分析的都是 PCR 终产物。但是在许多情况下，我们所感兴趣的是未经 PCR 信号放大之前的起始模板量。例如我们想知道某一转基因动植物转基因的拷贝数或者某一特定基因在特定组织中的表达量。在这种需求下，实时 PCR（real-time PCR）技术应运而生。所谓的实时荧光定量 PCR 就是通过对 PCR 扩增反应中每一个循环产物荧光信号的实时检测从而实现对起始模板定量及定性的分析。在实时荧光定量 PCR 反应中，引入了一种荧光化学物质，随着 PCR 反应的进行，PCR 反应产物不断累计，荧光信号强度也等比例增加。每经过一个循环，收集一个荧光强度信号，这样我们就可以通过荧光强度变化监测产物量的变化，从而得到一条荧光扩增曲线图。

实时荧光定量 PCR 的化学原理包括探针类和非探针类两种，探针类是利用与靶序列特异杂交的探针来指示扩增产物的增加，非探针类则是利用荧光染料或者特殊设计的引物来指示扩增的增加。前者由于增加了探针的识别步骤，特异性更高，但后者则简便易行。

利用标记荧光染料的基因特异寡核苷酸探针来检测产物，它又可分为间接法和直接法。

1. 间接法 TaqMan 系统。

PCR 扩增时在加入一对引物的同时加入一个特异性的荧光探针，该探针为一寡核苷酸，两端分别标记一个报告荧光基团和一个猝灭荧光基团，此时 5′端荧光基团吸收能量后将能量转移给临近的 3′端荧光猝灭基团（发生荧光共振能量转移，FRET），因此探针完整时，检测不到该探针 5′端荧光基团发出的荧光（图 1-9）。

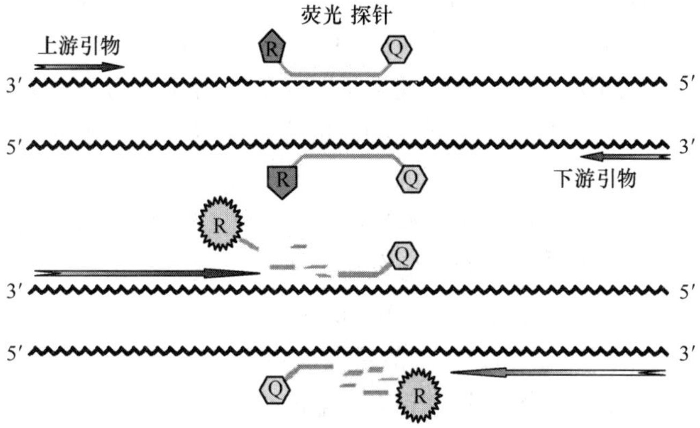

图 1-9　Taqman 探针工作原理

2. 直接法　分子信标。

本质上是一种标记荧光的发夹探针，当探针分子呈发夹结构时，结合在其两端的荧光基团距离上接近，使得产生能量转移效应，而不发生荧光。当互补序列出现时，探针与 DNA 杂交，探针转变成一个开放的结构，呈线性，报告荧光基团与猝灭荧光基团彼此在空间上产生足够的分离，荧光基团脱离了猝灭基团的影响，从而产生可被检测到的荧光（图 1-10）。

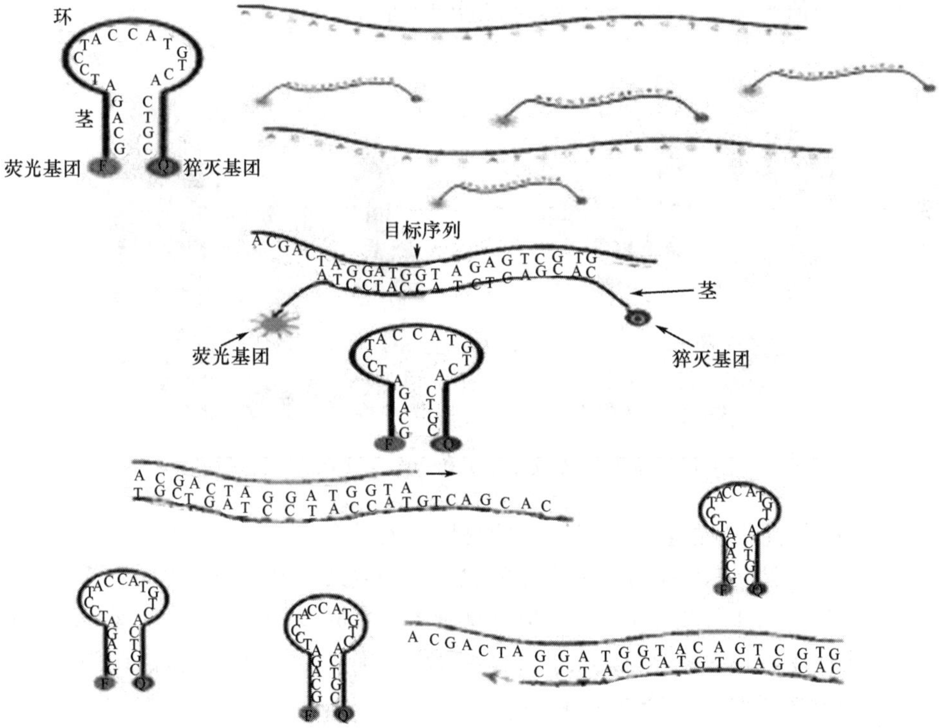

图 1-10　分子信标作用机制简图

（四）PCR 仪

PCR 仪的种类总体来说可以分为两大类：PCR 扩增仪和实时荧光定量 PCR 仪，普通的 PCR 扩增仪又衍生出带梯度 PCR 功能的梯度 PCR 仪和具有原位扩增功能的原位 PCR 仪等等。1996 年由 ABI 公司首先推出将扩增和检测融为一体的实时荧光定量 PCR 仪。

1. 梯度 PCR 仪 对于一个 PCR 反应，虽然有各种各样的 PCR 引物设计软件或者经验公式计算最适的退火温度，可是由于模板中碱基的组合千变万化，对于特殊片断，经验公式得到的数据不一定能扩增出来结果，细微的变化对 PCR 结果都可能产生决定性的影响，因而“摸条件”一度是让人很头疼的问题。梯度 PCR 仪（图 1-11 左）的出现部分解决了一些问题。在反应过程中每个孔的温度控制条件可以在指定范围内按照梯度变化，根据结果，一步就可以摸索出最适合的反应条件。不单退火温度，连变性温度和延伸温度都可以优化，对于多种聚合酶混合酶扩增如 Invitrogen、Clontech、Promega 的多数高保真 Taq 酶来说这个非常重要，因为 Taq 和校正酶的最佳反应温度可能有显著差异，优化延伸温度就显得很重要。多次实验可在一台仪器上完成，既节省实验时间提高效率，又节省实验成本。

2. 原位 PCR 仪 在 PCR 仪上增加原位 PCR 模块就可以在玻片上进行原位 PCR 扩增，MJ 和 Eppendorf 的 PCR 仪都有提供原位适配器以满足不同需要。购买配有支持原位 PCR 模块的 PCR 仪对从事医学研究的工作者是很值得的，一机两用。

3. 实时荧光定量 PCR 仪 由荧光定量系统和计算机组成，用来监测循环过程的荧光（图 1-11 右）。与实时设备相连的计算机收集荧光数据。数据通过开发的实时分析软件以图表的形式显示。原始数据被绘制成荧光强度相对于循环数的图表。原始数据收集后可以开始分析。实时设备的软件能使收集到的数据进行正常化处理来弥补背景荧光的差异。正常化后可以设定域值水平，这就是分析荧光数据的水平。

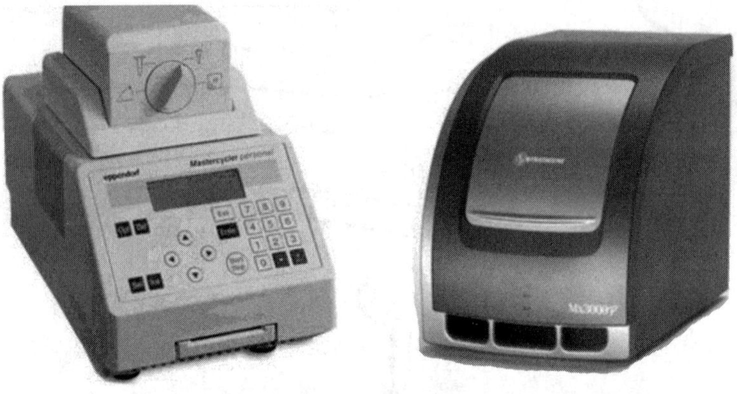

图 1-11　梯度 PCR 仪（左）和荧光定量 PCR 仪（右）

新的 PCR 仪都比较注重程序编写的简易性。大屏幕，显示实时信息，倒计时，记忆存储多个程序、自动断电保护等都有助于实验室中的复杂环境使用。程序储存方面，有人觉得储存程序的多少似乎意义不太大，但是对于实验人员多、PCR 仪每天运作频繁的实验室来说，每个使用者独立储存自定义的 PCR 程序，确实能方便下一次的调用，会节约一些时间。

4. PCR 仪的维护与保养 虽然 PCR 仪器不是一种计量仪器，但其主要作用原理与基本计量要素密切相关，要求较高，一旦失控，仪器将不能正常工作，所以 PCR 仪器也需要定期检测和维护，这对依赖自然风降温的 PCR 仪器尤为重要。在仪器的维护保养中，需要注意以下问题：

（1）PCR 仪器需要定期检测，视制冷方式而定，一般半年至少一次。

（2）PCR 反应的要求温度与实际分布的反应温度是不一致的，当检测发现各孔平均温度差偏离设置温度大于 1～2℃时，可以运用温度修正法纠正 PCR 实际反应温度差。

（3）PCR 反应过程的关键是升、降温过程的时间控制，要求越短越好，当 PCR 仪的降温过程超过 60 秒，就应该检查仪器的制冷系统，对风冷制冷的 PCR 仪要较彻底地清理反应底座的灰尘；对其他制冷系统应检查相关的制冷部件。

（4）一般情况如能采用温度修正法纠正仪器的温度时，不要轻易打开或调整仪器的电子控制部件，必要时要请专业人员修理或利用仪器电子线路详细图纸进行维修。

1）样品池的清洗：先打开盖子，然后用 95%乙醇或 10%清洗液浸泡样品池 5min，然后清洗被污染的孔；用微量移液器吸取液体，用棉签吸干剩余液体；打开 PCR 仪，设定保持温度为 50℃的 PCR 程序并使之运行，让残余液体挥发去除。一般 5～10min 即可。

2）热盖的清洗：对于荧光定量 PCR 仪，当有荧光污染出现，而且这一污染并非来自样品池时，或当有污染或残迹物影响到热盖的松紧时，需要用压缩空气或纯水清洗垫盖底面，确保样品池的孔干净，无污物阻挡光路。

3）仪器外表面的清洗：清洗仪器的外表面可以除去灰尘和油脂，但达不到消毒的效果。选择没有腐蚀性的清洗剂对 PCR 仪的外表面进行清洗。

4）更换保险丝：先将 PCR 仪关机，拔去插头，打开电源插口旁边的保险盒，换上备用的保险丝，观察是否恢复正常。

（王　顺）

第二章　经典验证性实验

实验一　蛋白质的盐析作用

【实验目的】

1. 掌握蛋白质盐析的原理和方法。

2. 掌握离心机的使用方法。

【实验原理】

中性盐类使蛋白质从溶液中沉淀析出的过程称为蛋白质的盐析作用。蛋白质是亲水胶体，当在蛋白质溶液中加入适量的轻金属盐类时，蛋白质分子处于高渗透压的溶液中，此时蛋白质外周水化膜被破坏，同时盐类的离子中和了蛋白质分子的表面电荷，结果蛋白质的胶体稳定性遭到破坏从而从溶液中沉淀析出；但此时蛋白质分子内部的结构没有改变，仍然保持其天然蛋白质的性质，即蛋白质没有变性，所以仍可复溶于原来的溶剂中。

沉淀蛋白质所需盐类浓度视蛋白质种类而异，球蛋白呈粗分散系，清蛋白呈细分散系，半饱和硫酸铵使球蛋白沉淀析出，饱和硫酸铵使清蛋白沉淀析出。不同浓度的盐溶液，分别将不同的蛋白质沉淀析出的现象，称为分段盐析。

【实验操作】

1. 取试管 1 加入 1ml 蛋清稀释液及 1ml 饱和（NH_4）$_2SO_4$溶液，振荡混匀，室温静置 10min，2000rpm，离心 10min。

2. 离心后取出试管 1（切勿摇动），管底可见白色沉淀，将上清液轻轻倒入试管 2 中。然后向试管 1 中沉淀加入 1ml 蒸馏水，振荡试管，观察沉淀是否溶解。

3. 从试管 2 中吸取 1ml 上清液，加入到试管 3 中。

4. 逐渐向试管 3 的上清液中加入（NH_4）$_2SO_4$ 结晶粉末，每加一次需用细玻璃棒充分搅拌，直至粉末不再溶解而刚好达到饱和状态为止，室温静置 10min，2000rpm，离心 10min。

5. 离心后取出试管 3（切勿摇动），管底可见白色沉淀，弃上清液，向试管 3 中沉淀加 1ml 蒸馏水，振荡沉淀，观察沉淀是否溶解。

【实验结果】

观察并记录试管 1 和试管 3 的现象，解释产生现象变化的原因。

【试剂配制】

1. 蛋清稀释液　按蛋清与生理盐水 1∶8 比例稀释。

2.（NH_4）$_2SO_4$ 饱和溶液　取 80g 左右的硫酸铵加入到 100ml 水中，然后加热搅拌到大部分固体溶解，趁热过滤，然后室温静置过夜。

3.（NH_4）$_2SO_4$ 结晶粉末

【实验仪器】

1. 离心机。

2. 天平。

【注意事项】

加 $(NH_4)SO_4$ 结晶粉末时，一定要适量，同时注意一定要边加边用玻璃棒搅拌，直至刚好达到饱和即可。倘若太过量则清蛋白不能沉淀，而呈乳胶状物，其原因是因溶液浓度太大，使蛋白质不能下沉，而比重太轻。

【思考题】

1. 中性盐为什么能够使蛋白质沉淀析出?
2. 为什么存在分段盐析现象?

（李　宁）

实验二　乳酸脱氢酶及其辅酶Ⅰ的作用

【实验目的】

1. 理解结合酶的作用特点。

2. 学会制备组织匀浆。

【实验原理】

乳酸脱氢酶（lactate dehydrogenase，LDH）由酶蛋白和辅酶Ⅰ组成，两者共同存在时组成全酶，具有催化活性，当酶蛋白或辅酶Ⅰ单独存在时，无催化活性。乳酸脱氨酶在各种组织细胞广泛存在，它可逆地催化乳酸脱氢形成丙酮酸或丙酮酸接受氢生成乳酸，在代谢过程中有重要意义。乳酸脱氨酶属于不需氧脱氢酶，不能直接将氢交给氧，反应中由辅酶Ⅰ（NAD^+）起传递氢作用，生成的还原型辅酶Ⅰ可与其他酶蛋白结合，将氢传给其他的递氢体，通过呼吸链被彻底氧化。

本实验以乳酸为底物。用新鲜的动物肝或肌肉的粗制提取液，分别制成酶蛋白部分（白陶土吸附除去辅酶Ⅰ）和辅酶Ⅰ部分（加热使酶蛋白变性去除），观察两者单独作用及共同作用。实验中为了便于观察，用甲烯蓝（甲烯蓝溶液为蓝色）作为受氢体，已知甲烯蓝能从还原型黄酶接受氢，生成甲烯白（甲烯白溶液为白色），从而溶液由蓝色变成无色。所以本实验根据溶液颜色的变化判断乳酸脱氢酶催化的反应是否发生，从而判断乳酸脱氢酶是否有活性。

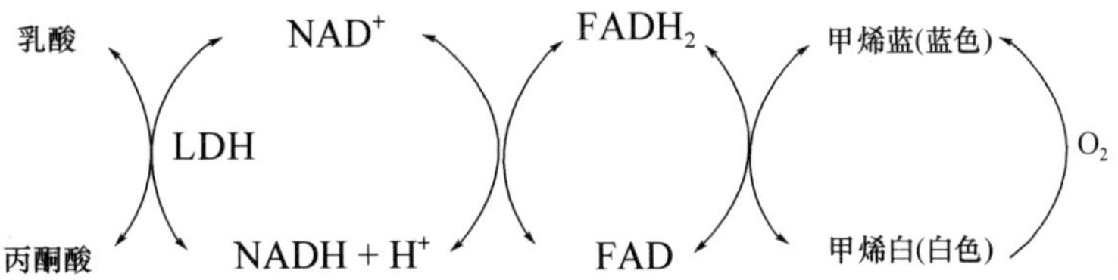

【实验操作】

1. 分别制备酶蛋白提取液及辅酶Ⅰ提取液

（1）酶蛋白提取液的制备（白陶土吸附除去辅酶Ⅰ）：取新鲜动物肌肉（或肝）组织3g，剪碎放研钵中，同时向研钵中加入玻璃砂约 0.5g，白陶土 0.5g，0.1M 磷酸缓冲液（pH 7.4）8ml，研磨成粥状。转移入离心管（此处用塑料的离心管，以防离心时试管破裂），2000rpm，离心 5min，上清液即为酶蛋白提取液，将上清液倒入另一新的试管中待用，沉淀弃之。

（2）辅酶Ⅰ提取液（加热使酶蛋白变性除去）：取蒸馏水 10ml 于大试管中，加热煮沸。取新鲜的肌肉（或肝）组织 3g，剪碎，放入沸水中，持续煮沸 10min，为防止水分过多蒸发可加盖。稍冷后倾入研钵中研磨成粥状，移入离心管中，2000rpm，离心 10min，上清液即为辅酶Ⅰ提取液，将上清液倒入另一新的试管中待用，沉淀弃之。

2. LDH 活性的检验 取试管四只，标清管号，按表 2-1 加样。

表 2-1 LDH 活性检测步骤

试剂/管号	1	2	3	4
5%乳酸钠（ml）	0.5	0.5	0.5	—
酶蛋白提取液（ml）	0.5	—	0.5	0.5
辅酶Ⅰ提取液（ml）	—	0.5	0.5	0.5
蒸馏水（ml）	0.5	0.5	—	0.5
0.5% KCN 液（滴）	10	10	10	10
0.04%甲烯蓝液（滴）	10	10	10	10
液体石腊（滴）	5	5	5	5

各管充分混匀，放入 37℃水浴 15～30min，随时观察并记录各管褪色情况；观察褪色的管，振荡片刻会出现什么变化？再放置一段时间有什么变化？

【实验结果】

观察并记录各管颜色变化，解释各管出现不同现象的原因。

【试剂配制】

1. 0.1 mol/L 磷酸缓冲液（pH 7.4） 77.4 ml 0.1mol/L Na_2HPO_4 和 22.6 ml 0.1mol/L NaH_2PO_4 混匀。

2. 5%乳酸钠 取 5g 乳酸钠加水数 ml 溶解，再加水定容到 100ml。

3. 0.5% KCN 取 0.5g KCN 加水数 ml 溶解，再加水定容到 100ml。

4. 0.04%甲烯蓝 取甲烯蓝 4mg 加水数 ml 溶解，再加水定容到 100ml。

5. 白陶土 用于吸附辅酶Ⅰ。

6. 液体石蜡。

【实验仪器】

1. 离心机。

2. 天平。

3. 水浴锅。

【注意事项】

1. 乳酸脱氢生成的丙酮酸与 KCN 结合，不发生其逆反应。KCN 有毒，使用时应小心。

2. 本实验中生成的甲烯白易被空气氧化又成为甲烯蓝，所以在加入液体石蜡后观察褪色时不宜振荡。

【思考题】

请根据结合酶作用特点，解释各管出现不同现象的原因。

（李 宁）

实验三　血清谷丙转氨酶活性的测定

【实验目的】

1. 掌握血清谷丙转氨酶的作用机理及临床意义。

2. 了解谷丙转氨酶活性的测定方法。

【实验原理】

血清中的谷丙转氨酶（glutamine pyruvate transaminase，GPT）在最适的温度和 pH 条件下，作用于丙氨酸及 α-酮戊二酸组成的基质，产生丙酮酸及谷氨酸。丙酮酸与显色剂 2，4-二硝基苯肼作用生成丙酮酸二硝基苯腙，在酸性溶液中显黄色，在碱性溶液中成醌型显棕红色，在 520nm 处有最大吸收。另外，取已知浓度的丙酮酸标准液在同样条件下显色，可用比色法测出基质液保温后加入血清，反应体系中产生丙酮酸的多少，即可算出 GPT 酶活性的大小。本实验是在碱性条件下，以生成醌类化合物的量反映丙酮酸的量，即反映了谷丙转氨酶的活性。

本法以 1 ml 血清与谷丙转氨酶基质液在 37 ℃保温 30min 生成 2.5μg 丙酮酸为谷丙转氨酶活性 1 单位。

反应如下：

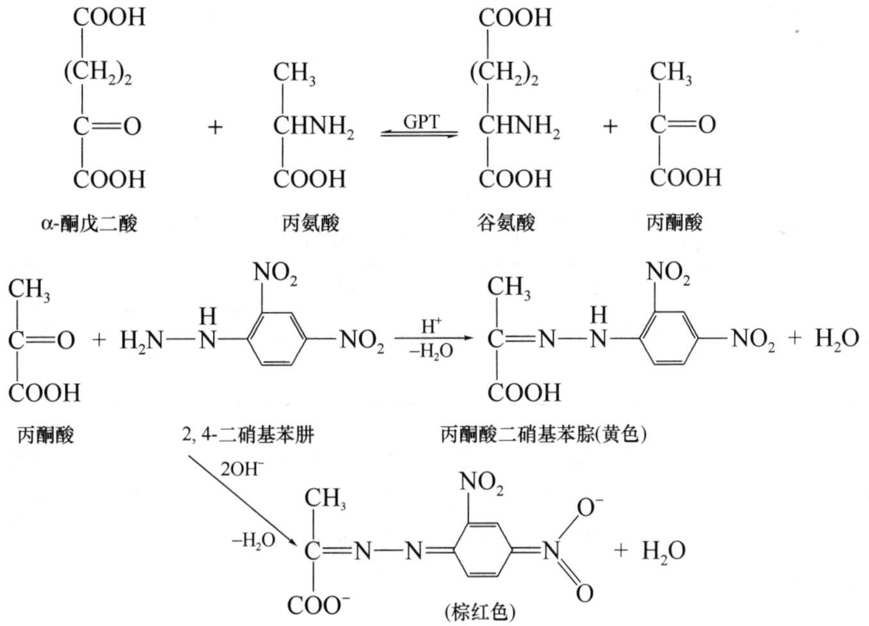

【实验操作】

1. 标准品对照法　检品与标准丙酮酸液同样处理呈色，进行比色，计算出酶活性单位。

（1）取中试管 4 支，编号，按表 2-2 操作：

表 2-2　血清谷丙转氨酶活性测定

试剂/管号	A（检品）	B（检对照）	S（标准）	S′（标对照）
基质液（ml）	0.5	—	0.5	—
血清（ml）	0.1	0.1	—	—

续表

试剂/管号	A（检品）	B（检对照）	S（标准）	S′（标对照）
丙酮酸（ml）	—	—	0.1	—
水（ml）	—	—	—	0.1
4 支试管同时放入 37℃ 水浴中，准确保温 30min				
呈色试剂（ml）	0.5	0.5	0.5	0.5
基质液（ml）	—	0.5	—	0.5
室温（25 ℃±5 ℃）放置 20 min（或 56℃ 5min）				
0.4 mol/L NaOH（ml）	5	5	5	5

（2）各管混匀，室温（25℃±5℃）放置 10min，然后在 520nm 波长下，用蒸馏水调零点，测各管 A_{520}。

2. 酶活性标准曲线法 配制一系列不同浓度的标准丙酮酸液，并且各加以适量的基质液，作成标准曲线，由标准曲线查得活性单位。

（1）取中试管 6 支，编号，按表 2-3 操作。

表 2-3 谷丙转氨酶活性标准曲线制备

试剂/管号	1	2	3	4	5	空白
标准丙酮酸（50μg/ml）（ml）	0.05	0.1	0.2	0.3	0.4	—
丙酮酸含量（μg）	2.5	5.0	10	15	20	0
相当 GPT 单位	10	20	40	60	80	0
基质液（ml）	0.5	0.5	0.5	0.5	0.5	0.5
蒸馏水（ml）	0.45	0.4	0.3	0.2	0.1	0.5
各管混匀，放 37 ℃水浴 5 min						
呈色试剂（ml）	0.5	0.5	0.5	0.5	0.5	0.5
各管混匀，室温（25℃±5℃）放置 20 min（或 56℃ 5 min）						
0.4 mol/L NaOH（ml）	5	5	5	5	5	5

（2）各管混匀，室温（25℃±5℃）放置 10min，然后在 520nm 波长下，用蒸馏水调零点，测各管 A_{520}。以 A 为纵坐标，酶活性单位为横坐标，作图绘成标准曲线。应用方法一中测得 A_A-A_B，从曲线上读得 GPT 活性单位，即为所求。

【实验结果】

1. 标准品对照法

（1）原始数据记录：

试管	A	B	S	S′
A 值				

（2）公式计算酶活性单位：

GPT 单位=（A_A-A_B）/（$A_s-A_{s'}$）×5×1/0.1÷2.5=（A_A-A_B）/（$A_s-A_{s'}$）×20

2. 标准曲线法

（1）原始数据记录：

试管编号	1	2	3	4	5	空白
$A_{标准}$						
$A_{标准}-A_{空白}$（纵坐标）						—
标准 GPT 单位（横坐标）	10	20	40	60	80	—

（2）绘制标准曲线。

（3）通过方法一的 A_A-A_B，在标准曲线中，查得酶活性单位。

【临床意义】

谷丙转氨酶主要存在于肝细胞中，正常血清中含量很低。当肝脏细胞受损时，细胞膜通透性增强，释放于血清中，导致血清谷丙转氨酶活性增强。因此，该酶活性可作为肝细胞损伤程度及预后判定指标之一。

本法测定血清 GPT 正常值为 40 单位以下。临床见于：急性病毒性肝炎，血清谷丙转氨酶活性明显增高，慢性肝炎、肝硬化及肝癌轻度升高。

【试剂配制】

1. 0.1mol/L 磷酸盐缓冲液（pH 7.4） 取 KH_2PO_4 2.18g，Na_2HPO_4 11.92g 或 $Na_2HPO_4 \cdot 2H_2O$ 14.95g 或 $Na_2HPO_4 \cdot 12H_2O$ 30g 加水溶成 1000ml。4℃保存。

2. 谷丙转氨酶基质液（pH 7.4） 精确称取 *D-L-*丙氨酸 1.78 g（200mmol/L），α-酮戊二酸 29.2mg（2mmol/L），溶于 30ml 0.1mol/L pH 7.4 磷酸盐缓冲液中，再加 1mol/L NaOH 溶液校正 pH 至 7.4，再加磷酸盐缓冲液至 100ml，混匀，加几滴氯仿防腐，4℃保存可放 1～2 周。

3. 1.0mol/L 2，4-二硝基苯肼溶液 取 2，4-二硝基苯肼 19.8mg，先用 10ml 的浓盐酸溶解，再加水定容至 100ml，置棕色瓶中 4℃保存。

4. 标准丙酮酸贮备液（含丙酮酸 2mg/ml） 精确称取已干燥到恒重的丙酮酸钠 250mg（或丙酮酸 200mg），用 0.1mol/L 磷酸盐缓冲液（pH 7.4）溶解并定容至 100ml，混匀。

5. 标准丙酮酸应用液（含丙酮酸 50μg/ml） 取贮备液 2.5ml，用磷酸盐缓冲液准确稀释至 100ml。

6. 0.4 mol/L 的 NaOH 称取 16 g NaOH 加水溶解并定容至 1000ml。

7. 待测标本 血清。

【实验仪器】

1. 恒温水浴箱。

2. 722 型可见分光光度计。

【注意事项】

1. 本实验以水调零，这种实验方法原理：空白管颜色较深，调零后再去测其他管，*A* 值会偏小，且不准确。空白管内有基质液，基质液中的α-戊酮二酸与呈色试剂显色，所以应去除。

2. 应用新鲜不溶血的血清测定。因溶血标本血细胞中转氨酶活力较高，会影响测定效果。

3. 本实验中各试剂加量需要准确，并且要注意控制条件保持一致，保温时间要严格，其后形成苯腙过程，发色过程的温度及时间都要一致。表 2-3 中加入的各试剂的顺序不要颠倒。

4. 操作中加 0.4mol/L NaOH 时，需以较慢速度加入，并且边加边摇匀（约 1min 加完为宜），加快时则 α-戊酮二酸引起的发色增强。

5. 本法测定血清 GPT 正常值为 40 单位以下。超过 200 单位者要用生理盐水将血清稀释 10 倍后重做。

【思考题】

1. 血清谷丙转氨酶的测定需要注意哪些？为什么要避免溶血？
2. 本实验中，测定各管的吸光度为什么用蒸馏水调零而不用空白管调零？

（刘　超）

实验四　血糖浓度测定

【实验目的】

1. 熟悉血糖测定的基本原理和方法。

2. 掌握血糖正常值及血糖测定的临床意义。

一、Folin-吴氏法

【实验原理】

血液中含有葡萄糖，蛋白质和其他物质。必须把蛋白质和其他物质去除，才能测得血糖。全血经钨酸沉淀蛋白后，利用葡萄糖具有还原性，在碱性条件下，滤液中的葡萄糖，与硫酸铜共热，其蓝色的二价铜离子（Cu^{2+}）被还原成砖红色的氧化亚铜（Cu^{+}）沉淀，后者可使磷钼酸还原成钼蓝，可以通过比色法测定其吸光度。如与同样处理的标准葡萄糖比色，即可求出血中葡萄糖的含量。

反应式：

$$Na_2CO_3 + H_2O \rightleftharpoons NaOH + NaHCO_3$$

$$2NaOH + CuSO_4 \rightleftharpoons Cu(OH)_2\downarrow + Na_2SO_4$$

$$2Cu(OH)_2 + C_6H_{12}O_6 \xrightarrow{\text{加热}} Cu_2O + C_6H_{12}O_5COOH + 2H_2O$$

$$3Cu_2O + 3H_3PO_4 \cdot 3MoO_3 \cdot 12H_2O \longrightarrow 3H_3PO_4 \cdot 3MoO_2 \cdot 12H_2O + 6CuO$$

【实验操作】

1. 除蛋白血滤液的制备　取普通干试管 2 支，分别按顺序加入蒸馏水 3.5ml，血液（正常血/高糖血）0.1 ml，0.33mol/L H_2SO_4 0.2ml，10% Na_2WO_4 0.2ml，混匀。待有澄清出现后，过滤，收集滤液备用。

2. 取血糖管 4 支，编号，按表 2-4 操作。

表 2-4　Folin-吴氏法测定血糖

试剂	标准管	测定管（正常血）	测定管（高糖血）	空白管
标准葡萄糖液（ml）	1.0	—	—	—
除蛋白血滤液（ml）	—	1.0	1.0	—
蒸馏水（ml）	—	—	—	1.0
碱性铜试剂（ml）	1.0	1.0	1.0	1.0
充分混匀，置沸水中准确煮沸 8min，取出切勿摇动，置冷水中冷却				
磷钼酸试剂（ml）	1.0	1.0	1.0	1.0
混匀，室温放置 3min				
蒸馏水（ml）	1.5	1.5	1.5	1.5

将各管混匀后，以空白管调零，测定 A_{620}。

【实验结果】

1. 原始数据记录

试管	标准管	测定管（正常血）	测定管（高糖血）
A 值			

2. 分别计算正常血糖值和高糖血糖值

$$血糖（mmol/L）=A_{测定管}/A_{标准管}\times 0.025\times 4/1\times 1000/（0.1\cdot 180）$$
$$=A_{测定管}/A_{标准管}\times 5.6$$

【临床意义】

Folin-吴氏法测定血糖正常值为 3.89mmol/L～6.11mmol/L。当血糖超过 7.1mmol/L 时，称高血糖症；若血糖低于 2.8mmol/L 称为低糖症。血糖增高多见于糖尿病，甲亢，脑垂体前叶机能亢进，肾上腺皮质和髓质机能亢进等。血糖过低，多见于胰岛素分泌过多，肾上腺皮质机能减退，脑垂体前叶机能减退，甲状腺机能减退等。

【试剂配制】

1. 碱性铜试剂　称取无水 Na_2CO_3 40g，溶于 100ml 蒸馏水中溶后加酒石酸 7.5g，若不溶解可稍加热，冷却后移入 1000ml 容量瓶中。另取纯 $CuSO_4$ 4.5g，溶于 200ml 蒸馏水中，溶后将此液倒入装上液的容量瓶中，加蒸馏水至 1000ml，摇匀，备用。

2. 磷钼酸试剂　取钼酸 70g，溶于 10% NaOH 400ml 中，再加 Na_2WO_4 10g，加蒸馏水至总体积为 800ml，加热煮沸 30～40min（以除去钼酸中可能存在的氨）冷却后加 85% H_3PO_4 250ml，加蒸馏水至 1000ml，摇匀，贮棕色瓶中。

3. 标准葡萄糖贮存液　准确称取葡萄糖 1.0g，用 0.25%苯甲酸溶解，并定容至 100ml，4℃保存。

4. 标准葡萄糖应用液　准确量取上述葡萄糖贮存液 0.5ml，移入 200ml 容量瓶中，加 0.25% 苯甲酸液定容至刻度。

5. 0.25%苯甲酸液　称取苯甲酸 2.5g，加入煮沸的蒸馏水 1000ml 中，使成饱和溶液，冷却后，取上清液备用。

6. 10% Na_2WO_4　称取 Na_2WO_4 10g，加水溶解后，定容至 100ml。

7. 0.33mol/L H_2SO_4 溶液　要配制 1000ml 0.33mol/L H_2SO_4，需 98%浓硫酸 33ml。先在烧杯中加入约 700ml 水，再在搅拌下缓慢沿玻璃棒加入硫酸，加完后，冷却到室温，转入 1000ml 容量瓶中，再分次加水至刻度，速度稍慢些，之间摇几次。

【实验仪器】

1. Folin-吴氏血糖管。

2. 恒温水浴箱。

3. 722 型可见分光光度计。

【注意事项】

1. 本法所测得的血糖值，并非是真正的葡萄糖，滤液中还有其他还原物质的干扰（约 10%），故结果偏高。

2. 血糖测定应在取血后 2h 内完成，放置过久，糖易分解，致使结果减低。

3. 磷钼酸试剂宜贮于棕色瓶中，如出现蓝色，表明试剂本身已被还原，不能再用。

4. 碱性铜试剂中如出现氧化亚铜沉淀也不可用。

【思考题】

1. 该法利用的是葡萄糖的还原性，血液中哪些物质可能会影响实验结果？
2. 除蛋白血滤液的制备过程中，各试剂加入的顺序是什么？各起什么作用？

二、葡萄糖氧化酶偶联法（GOD-POD 法）

【实验原理】

葡萄糖氧化酶（glucose oxidase，GOD）催化葡萄糖分子中的醛基氧化生成葡萄糖酸，并释放 H_2O_2。H_2O_2 被偶联的过氧化物酶（peroxidase，POD）催化释放出初生态的氧，后者将还原性氧受体 4-氨基安替比林和酚氧化，并缩合生成红色醌类化合物，其红色的深浅在一定范围内与血葡萄糖浓度成正比。因此，将测定样品与经过同样处理的葡萄糖标准液进行比色，即可计算出血糖的含量。

$$C_6H_{12}O_6 + H_2O \xrightarrow[+O_2]{\text{葡萄糖氧化酶}} C_6H_{12}O_7 + H_2O_2$$

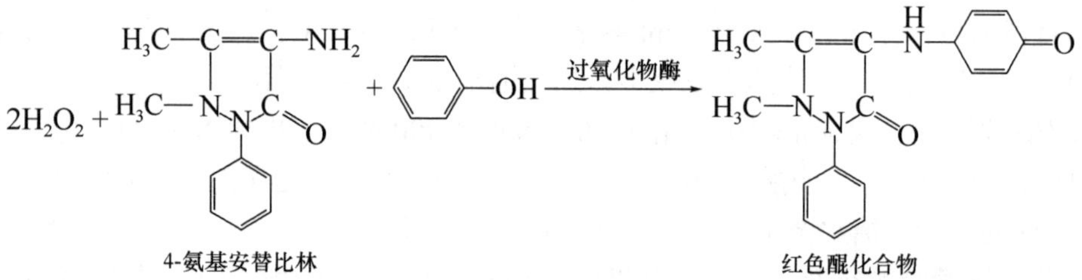

4-氨基安替比林　　　　红色醌化合物

【实验操作】

1. 取干试管 3 支，编号，按表 2-5 操作。

表 2-5　葡萄糖氧化酶偶联法测定血糖

试剂	测定管	标准管	空白管
血清（ml）	0.02	—	—
葡萄糖应用液标准液（ml）	—	0.02	—
蒸馏水（ml）	—	—	0.02
酶酚（ml）	3.00	3.00	3.00

2. 各管混匀，37℃水浴中保温 15min，冷却后在 505nm 波长下比色，空白管调零，分别记录标准管及测定管的光吸收值。

【实验结果】

1. 原始数据记录

试管	测定管	标准管
A 值		

2. 根据公式计算待测样品血糖的含量

血清葡萄糖 mmol/L=$A_{测定管}/A_{标准管}\times100\times0.0555$

本法测定血糖正常值：4.22 mmol/L～ 6.11mmol/L，0.0555 为换算系数。

【试剂配制】

1. 0.1 mol/L 磷酸盐缓冲液（pH 7.0）　溶解 Na_2HPO_4 8.67g 及 KH_2PO_4 5.3g 于 800ml 蒸馏水中，用 1mol/L NaOH 或 HCl 调 pH 至 7.0，然后用蒸馏水稀释至 1L，4℃保存。

2. 酶试剂　取 GOD 1200U，POD 1200U，4-氨基安替比林 10mg，叠氮钠 100mg，加上述磷酸盐缓冲液至 80ml 左右，调 pH 至 7.0，然后加磷酸盐缓冲液至 100ml，置冰箱保存，至少可保存 3 个月。

3. 酚试剂　酚 100mg 用蒸馏水溶解，再加水定容到 100ml。（酚在空气中易氧化成红色，可先配成 500g/L 的溶液，储存于棕色瓶中，用时稀释）。

4. 酶酚混合试剂　酶试剂和酚试剂等量混合，冰箱中可保存一个月。

5. 12mmol/L 苯甲酸溶液　称取苯甲酸 1.4g，加入蒸馏水 900ml，加热助溶，冷却后加蒸馏水至 1000ml。

6. 葡萄糖标准贮存液（100mmol/L）　准确称取无水葡萄糖（预先置 80℃烤箱中干燥至恒重，移置干燥器中保存）1.802g，用 12mmol/L 苯甲酸溶液溶解，移至 100ml 容量瓶中，再以 12mmol/L 苯甲酸溶液稀释至刻度，摇匀，移入棕色瓶中，冰箱内保存。

7. 葡萄糖标准应用液（5mmol/L）　准确吸取葡萄糖标准贮存液 5.0ml，置于 100ml 容量瓶中，再以 12mmol/L 苯甲酸溶液稀释至刻度。

8. 待测血清样品

【实验仪器】

1. 恒温水浴箱。

2. 722 型可见分光光度计。

【注意事项】

1. *D*-葡萄糖有 α 型和 β 型之分，两者在溶液中可互变，达到平衡时，α 型约占 36%，β 型约占 64%。新配制的葡萄糖标准液须放置 2 h 以上（最好过夜），待变旋平衡后方可应用。GOD 对 β-*D*-葡萄糖有高度特异性，所以在 GOD 试剂盒中多数含有葡萄糖变旋酶，可加速反应，但在终点法中，延长孵育时间可达到完成自发变旋。

2. GOD-POD 法的初始反应（第一步反应）特异性高，而指示反应（第二步反应）的特异性较差，干扰往往发生在指示反应。溶血标本、黄疸标本及高脂血标本均不影响测定结果，但血液中的一些还原物质，如维生素 C、谷胱甘肽及左旋多巴可与还原性氧受体竞争 H_2O_2，使结果出现偏差。

3. GOD-POD 法测定血糖的线性范围至少可达 20mmol/L；回收率 94%～100%。

4. 酶酚混合试剂和样品的用量可根据需要按比例改变，计算公式不变。

5. 由于温度对本实验影响较大，水浴时应严格控制温度，防止酶活性丧失。

【思考题】

1. 影响本实验结果的因素有哪些？

（刘　超）

实验五　胰岛素及肾上腺素对血糖浓度的影响

【实验目的】

通过实验加深理解胰岛素及肾上腺素对血糖浓度的影响。

【实验原理】

两只家兔分别注射胰岛素和肾上腺素，测定其注射前后的血糖浓度，观察两种激素对血糖浓度的影响。血糖浓度测定采用 Folin-吴氏法或葡萄糖氧化酶偶联法。

【实验操作】

1. 实验准备

（1）饥饿 16～20h 的家兔两只（甲兔、乙兔）并称量体重。

（2）预备好注射用胰岛素、肾上腺素及采血用的注射器，连接好针头使之严密不漏气。

（3）预备 8 支小试管，各管均加入适量的抗凝剂，其中每支试管（采血 2ml，加入草酸钾粉末 4mg）做好标记，用来盛取注射前后经分离提取的血浆。此抗凝剂也可加到采血用的注射器中。

（4）分别按体重计算出两只兔需要胰岛素和肾上腺素的注射量，吸入两支注射器中备用。（注：兔或注射器都应预先做好记号，以免混淆）

2. 注射及采血　分别在家兔甲和家兔乙耳缘静脉取血，于耳背外线耳静脉表面适当处剪毛，擦少量二甲苯以促使静脉扩张，再涂凡士林防污染。用手指（一般为左手拇指、无名指）捏住耳静脉的近心端，使静脉淤血，迎着来血的方向把针头刺入血管中央，轻轻抽吸 2～3ml 血。拔出针头，同时用干棉球压迫兔耳静脉止血。然后迅将针管上针头拔下，沿管壁将血液缓慢进入含有抗凝剂的试管中，并立即轻摇使血与抗凝剂充分混匀（如把抗凝剂先放于注射器中，则先混匀，后再注入试管）。两支管标明测定管 1 和测定管 2，内为注射激素前的抗凝血液。把盛有抗凝血的试管离心（3000rpm，10min），以胶帽吸管取上清（血浆）于标记好的小试管（测定管 1′和测定管 2′）中备用。然后家兔臀部皮下注射激素，家兔甲注射肾上腺素（0.4ml/kg），家兔乙注射胰岛素（0.4ml/kg），分别于 30min 和 1h 后耳部取血 2～3ml（方法同上），分别标明测定管 3,4。抗凝血采完后立即离心（3000rpm，10min）分离血浆，置另外 2 支试管中，编号（测定管 3′和测定管 4′）。其后给家兔乙静脉或腹腔注射 50%葡萄糖液 10ml，以免发生低血糖性休克。

3. 血糖测定　参见第二章实验四《血糖浓度测定》。

【实验结果】

记录兔重、注射胰岛素或肾上腺素的量、注射时间、采血时间及注射肾上腺素和胰岛素前后的血糖浓度变化。

【试剂配制】

1. 凡士林

2. 抗凝剂　草酸钾粉末或肝素。

3. 胰岛素注射液　普通胰岛素注射液，每毫升含 40U，用蒸馏水稀释成每毫升含 1.5U（取上液 0.5 ml 加水 3.85ml）用时按每公斤体重注射 0.4ml。

4. 肾上腺素注射液　0.1% 注射液，按按每公斤体重注射 0.4ml。

5. 50% 的葡萄糖注射液

6. 糖定量试剂　称取 17.3g $CuSO_4$，100g 枸橼酸钠，100g Na_2CO_3，加水溶解，再加水定容至 1000ml。

【实验仪器】

1. 体重计。

2. 恒温水浴箱。

3. 722 型可见分光光度计。

【注意事项】

1. 二甲苯对皮肤有严重刺激，应随时用温水棉球擦掉。

2. 胰岛素效力减弱时可适当增量使用。

3. 每次取完血立即把采血用的针头洗净，以免内部阻塞。

4. 血液离体后每小时葡萄糖可下降 5%～10%，故主张用抗凝剂或抗酵解剂的血浆标本，氟化钠，肝素或草酸钾对血糖测定均无影响，其中氟化钠具有上述双重作用，宜首选。为防止血糖降低可用氟化钠（按每毫升血加 3～4mg）。

5. 血糖浓度在 40mmol/L（700mg/dL）以下时，吸光度随浓度线性上升。大于 40mmol/L 的样品，应用生理盐水稀释后重测。

【思考题】

1. 肾上腺素和胰岛素如何影响血糖浓度？
2. 要做好本实验，需注意哪些问题？

（刘　超）

实验六　运动对尿中乳酸含量的影响

【实验目的】

1. 熟悉运动对尿中乳酸含量的影响及乳酸测定方法。

2. 加深理解糖无氧氧化的生理意义。

【实验原理】

在正常生理条件下，机体能量主要来源于糖的有氧氧化途径。当机体耗能增加而氧供给相对不足时（如剧烈运动）糖的无氧氧化作用加强，产生大量乳酸入血，随尿排出，故尿中乳酸含量增多。

乳酸与浓硫酸共热，乳酸分解为乙酸，后者再与对羟联苯反应生成紫色化合物，紫红颜色的深浅与乳酸含量成正比。

【实验操作】

1. 采尿 在实验前先排尿弃去，静坐 30min 后再排尿并收集，并尽量排尽尿，此尿是为运动前尿，留用。立即剧烈运动 5min，自运动开始起 30min 再排尿并收集，此为运动后尿，留用。

2. 测定 取上述尿各 5ml，分别加入两试管中，各加饱和 $CuSO_4$ 溶液 0.5ml，混匀，再加 $Ca(OH)_2$ 粉约 0.5g（以溶液变蓝色-碱性为度）混匀过滤，若滤液不透明可重复过滤。

3. 取四支试管编号，按表 2-6 加样检测。

表 2-6 尿乳酸含量的检测

试剂/管号	1	2	3	4
运动前尿滤液（ml）	0.1	—	—	—
运动后尿滤液（ml）		0.1	—	—
乳酸钠标准液（ml）	—	—	0.1	—
H_2O（ml）	—	—	—	0.1
1% 硫酸铜（滴）	1	1	1	1
各管浸冷水中				
浓 H_2SO_4（ml）	2	2	2	2
各管放沸水浴中 5min，取出后冷却到 20℃以下				
对羟联苯液（ml）	0.1	0.1	0.1	0.1

立即混匀，放 30℃ 水浴中保温 30min，观察各管颜色。

【实验结果】

记录并比较各管的颜色变化，解释各管出现不同现象的原因。

【试剂配制】

1. 0.05%的乳酸钠标准液 取乳酸钠 50mg 加水溶解，定容到 100ml。

2. 饱和 $CuSO_4$ 液

3. 0.5% 对羟联苯碱性溶液 取对羟联苯 0.5g，加 5% NaOH 10ml，稍加温溶解后加水定容到 100ml，放棕色瓶内，冷处保存，可用 2～3 周。如果试剂变褐色要重新配制。

4. $Ca(OH)_2$（分析纯，不含 $CaCO_3$）

5. 浓 H_2SO_4（优级纯）

【实验仪器】

1. 漏斗。

2. 滤纸。

3. 恒温水浴箱。

【注意事项】

1. 实验中使用浓 H_2SO_4 应小心，避免溅到皮肤及衣服上，一旦溅到皮肤上，立即用水冲洗，避免被灼伤。

2. 加入对羟联苯液后应立即混匀。

【思考题】

为什么剧烈运动后会感觉到肌肉酸痛？解释原因。

（张秀梅）

实验七　酮体的生成和利用

【实验目的】

1. 掌握酮体的生成和利用以及临床意义。

2. 了解酮体的测定方法。

【实验原理】

在肝脏中，脂肪酸β氧化生成乙酸 CoA，再合成酮体。酮体是脂肪酸在肝脏进行正常分解代谢所生成的特殊中间产物，包括乙酰乙酸，β-羟丁酸和丙酮三种物质。但肝脏不能利用酮体，必须经血液运输到肝外组织被氧化利用。

本实验以辛酸钾为底物分别于肝组织、肌肉组织及肝、肌混合组织在一起保温，所产生的酮体在有 NH_4^+存在的碱性环境中与亚硝酸铁氰化钠 $[Na_2Fe(NO)(CN)_5]$ 作用生成紫色化合物以此来鉴定肝组织、肌肉组织生成酮体的情况。

【实验操作】

1. 取大鼠一只，处死，立即取出肝脏和肌肉分别放在小烧杯内用水反复洗去血迹，取出用滤纸吸干后，按下表称重，剪碎放入乳钵内加少许玻璃砂，研磨时加缓冲盐水 2ml。按表 2-7 操作。

表 2-7　不同组织酮体的检测

管号	组织	0.1M 辛酸钾	37℃保温
1	肝 1 克，肌肉 1 克	3.0ml	30min
2	肝 1 克，煮过肌肉 1 克	3.0ml	30min
3	煮过肝 1 克，肌肉 1 克	3.0ml	30min

保温过程中经常摇动。

2. 向各管加入 10%三氯乙酸 1.0ml，混匀，静止 10min 后将上清倒入另外 3 支试管，2500rpm，离心 5min。

3. 另取 3 支试管标好号分别取上清液 0.5ml（或 1.0ml）加蒸馏水 1.0ml，混匀后，向各管加入酮体粉约 0.3g（小半勺），振摇后观察各管颜色变化。

【实验结果】

观察并记录各管的颜色变化，解释各管出现不同现象的原因。

【临床意义】

1. 正常人血液中酮体含量很低，约为 0.03～0.5mmol/L，是脂肪酸在肝正常的代谢产物，是肝输出能源的一种形式。

2. 饥饿、高脂低糖饮食、未经控制饮食的糖尿病人，酮体的生成大于肝外利用时，引起酮症酸中毒和酮尿。

【试剂配制】

1. 0.2mol/L 磷酸盐缓冲溶液（pH 7.4） 取 0.2mol/L Na_2HPO_4 81.0ml，0.2mol/L NaH_2PO_4 19.0ml，混匀。

2. 缓冲盐水 取 0.9%NaCl 100ml，加入 0.2mol/L 磷酸盐缓冲溶液（pH7.4）12ml 混匀。

3. 0.1mol/L 的辛酸钾溶液 取 1mol/L 的 KOH 溶液 10ml 于 100ml 容量瓶中，加辛酸 1.58ml，摇荡混匀，加水 50ml，加 pH 7.4 的磷酸盐缓冲溶液至 100ml。此为辛酸钾储备液（0.1mol/L）。临用时将此储备液稀释 50 倍。

4. 10% 的三氯乙酸

5. 酮体粉 取（NH_4）$_2SO_4$ 20g，亚硝酸铁氰化钠 1g，碳酸钠 20g，混匀研为细沫于棕色瓶中贮存备用。

【实验仪器】

1. 乳钵。

2. 恒温水浴箱。

【注意事项】

1. 组织中血迹反复冲洗干净。

2. 要充分煮组织。

3. 在保温过程中经常摇动。

【思考题】

1. 简述酮体生成的生理意义和病理意义。
2. 为什么肝脏不能够利用酮体?

（张秀梅）

实验八　胆固醇提取定性

【实验目的】

熟悉胆固醇的提取及检测方法。

【实验原理】

胆固醇是类脂的一种，存在于机体内很多组织中，有重要的生理作用。根据胆固醇溶于脂类溶剂的性质，利用氯仿提取胆固醇。胆固醇在氯仿溶液中，在醋酐作用下生成脱水胆固醇，后者与浓硫酸作用。产生不稳定的绿色化合物，检验胆固醇的存在。

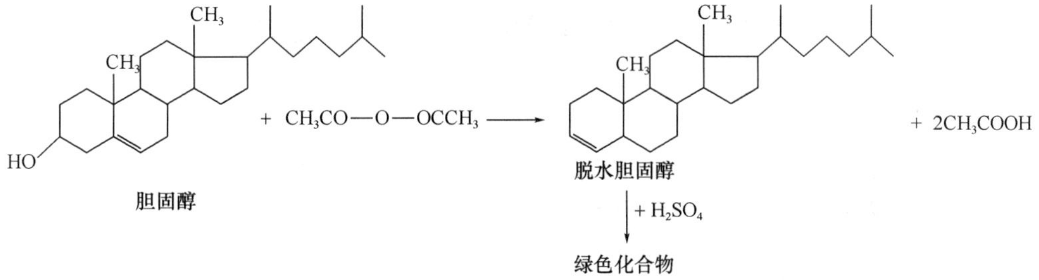

【实验操作】

1. 提取胆固醇　将蛋黄煮熟后自然干燥或烘干，取 0.5g，倒入干燥试管中，加氯仿 3ml，振荡，过滤，滤液含胆固醇。

2. 定性检验，取三支试管，编号，按表 2-8 操作。

表 2-8　胆固醇定性检测

	对照	检品	空白
试剂	胆固醇氯仿液 0.5ml	滤液 0.5ml	氯仿 0.5ml
醋酐	6 滴	6 滴	6 滴
H_2SO_4	2 滴	2 滴	2 滴

【实验结果】

观察并记录各管颜色变化，解释各管出现不同现象的原因。

【试剂配制】

1. 胆固醇氯仿液（2mg/ml）　取结晶胆固醇 200mg，以氯仿溶至 100ml。

2. 醋酐

3. 浓 H_2SO_4（优级纯）

4. 氯仿

【实验仪器】

1. 漏斗。

2. 滤纸。

【注意事项】

1. 本实验用 Lieferman-Burchard 法，胆固醇氯仿溶液与醋酐及浓硫酸反应呈绿色，在胆固醇浓度低时，最初呈浅红色，经紫变蓝，最后呈绿色。若浓度较高时则呈深蓝色以后变绿色。呈色不稳定，放置后可变成褐色。

2. 本实验中水分会妨碍反应进行，故要求使用的器材需干燥勿混入水分。

【思考题】

要做好本实验，需要注意哪些问题？

（张秀梅）

实验九 血清总胆固醇的测定

【实验目的】

1. 掌握血清总胆固醇测定的临床意义。

2. 了解血清总胆固醇测定的原理和方法。

一、醋酐-硫酸单一试剂显色法测定总胆固醇

【实验原理】

醋酐能使胆固醇脱水，形成脱水胆固醇，再与硫酸结合生成绿色化合物。颜色的深浅与胆固醇的含量成正比。

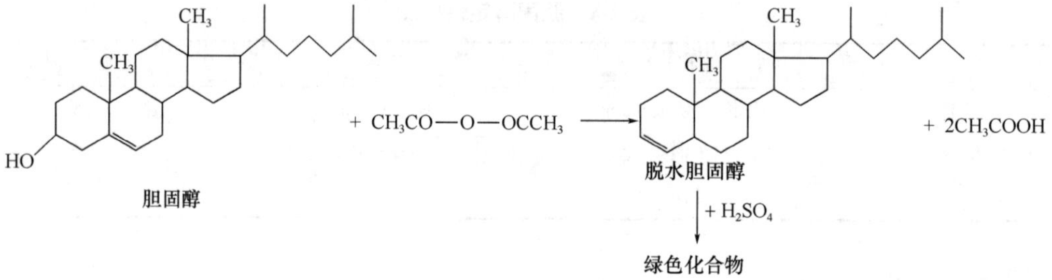

【实验操作】

取干燥试管 2 支，分别标明“测定管”及“标准管”，按表 2-9 操作。

表 2-9 胆固醇定量检测

试剂	测定管	标准管
血清（ml）	0.1	—
胆固醇标准液（ml）	—	0.1
显色试剂（ml）	6	6

显色剂快速加入，立刻混匀，于 37℃水浴保温 10min，取出后，立即以显色剂为空白调零点，在 722 型可见分光光度计 620nm 波长处比色测定 *A* 值。

【实验结果】

1. 原始数据记录。

试管	测定管	标准管
A 值		

2. 根据公式计算血清中总胆固醇的含量。

$$血清胆固醇含量（mg/100ml）=A_{测定管}/A_{标准管}\times 0.1\times 2\div 0.1\times 100$$
$$=A_{测定管}/A_{标准管}\times 200$$

【临床意义】

血清总胆固醇包括游离胆固醇和胆固醇酯，正常成人胆固醇 2.86 ～5.96mmol/L（110～230mg/dl）；儿童胆固醇 3.12～5.2mmol/L（100～200 mg/dl）。

胆固醇增高常见于甲状腺功能减退、动脉粥样硬化、糖尿病和肾病综合征等。

胆固醇降低常见于严重肝脏疾病患者，如：急性肝坏死、肝硬化、甲状腺功能亢进、严重贫血及营养不良患者。

【试剂配制】

1. 标准胆固醇液　准确称取胆固醇 200.0mg，用少量的冰乙酸溶化，转移至 100ml 的容量瓶中，再加冰乙酸稀释至刻度。

2. 显色剂　称取硫脲 1.5g，溶于冰乙酸 50ml 及乙酐 650ml 配制成混合溶液，此溶液为贮存液，可放置冰箱内长期保存。

3. 应用液　取上述贮存液 100ml 逐滴加入浓硫酸 10ml，随加随摇，防止溶液温度过高，待冷却后置冰箱内长保存数月以上，溶液发黄后不能再用。

【实验仪器】

722 型可见分光光度计。

【注意事项】

1. 显色剂应快速加入。

2. 显色后不宜曝于强光下，因强光可使其退色而影响测定结果。

3. 实验所用试管干燥无水。

二、氧化酶法测定血清总胆固醇

【实验原理】

血清中胆固醇酯在胆固醇酯酶的作用下，生成胆固醇和脂肪酸。游离胆固醇在胆固醇氧化酶作用下生成胆固醇-4-烯-3-酮和过氧化氢，后者与 4-氨基安替比林、苯酚在过氧化物酶的作用下生成红色的醌类化合物。醌的生成量与胆固醇成正比。因此，将测定样品与经过同样处理的胆固醇标准液进行比色，即可计算出血清中胆固醇的含量。

【实验操作】

取试管 3 支，分别标明“空白管”“标准管”及“测定管”按表 2-10 操作。

表 2-10　氧化酶法测定胆固醇

试剂/管号	空白管	标准管	测定管
血清（ml）	—	—	0.05
胆固醇标准液（ml）	—	0.05	—
显色液（ml）	3.05	3.00	3.00

混匀后，37℃水浴 15min，以空白管调零，波长 500nm 比色。

【实验结果】

1. 原始数据记录

试管	测定管	标准管
A 值		

2. 根据公式计算血清中总胆固醇的含量。

$$血清总胆固醇（mmol/L）=A_{测定管}/A_{标准管}\times 5$$

本法正常值：2.8～6.0mmol/L。

【试剂配制】

1. 0.1mol/L 磷酸盐缓冲液（pH 6.7） 0.1mol/L KH_2PO_4 50.0ml 加 0.1mol/L NaOH 19.3ml，加蒸馏水定容到 100ml。

2. 底物液 称取胆酸钠 129mg，4-氨基安替比林 16mg，吸取苯酚 0.1ml，溶于 pH 6.7 磷酸盐缓冲液中，加 TritonX-100 0.2ml，以 pH 6.7 磷酸盐缓冲液定容到 100ml。

3. 酶试剂 胆固醇氧化酶 0.3ml（20U/ml），胆固醇酯酶 80mg（40U/ml），过氧化物酶 1mg（RZ=3），溶于 1ml pH 6.7 磷酸盐缓冲液中。

4. 显色液 临用时取底物液 30ml 加酶试剂 1ml，混合后即为显色液。

5. 胆固醇标准液（2mg/ml） 取胆固醇 200mg，加无水乙醇溶解至 100ml。

【实验仪器】

722 型可见分光光度计。

【注意事项】

1. 酶的活力存在批间差异，需要进行预实验调整。

2. 若需检测游离胆固醇的浓度，将酶试剂成分中去掉胆固醇酯酶即可。

3. 检测标本可为血清或血浆。

【思考题】

甲状腺激素如何影响血清胆固醇的浓度?

（张秀梅）

第三章　综合性实验

实验十　蛋白质含量的测定

测定蛋白质含量的方法较多，基本上都是根据蛋白质的理化性质和生物学活性建立起来的。常用的方法有：

1. 利用蛋白质对 280nm 紫外光有最大的吸光度而采用紫外分光光度法。

2. 利用蛋白质与不同试剂的呈色反应，用比色法测定蛋白质的含量，如双缩脉法（Biuret 法）和酚试剂法（Lowry's method）。

3. 根据蛋白质的含氮量来测定蛋白质的含量，经典的测定方法为凯氏定氮法（Kjeldahl's method）。

4. 利用蛋白质与考马斯亮蓝结合后，最大吸收波长发生变化来测定含量的方法，即考马斯亮蓝法（Bradford 法），是近十年才普遍使用起来的新的测定法。

一、紫外分光测定法

【实验目的】

1. 掌握紫外分光光度法测定蛋白质的原理。

2. 熟悉紫外分光光度计的使用。

【实验原理】

由于蛋白分子中酪氨酸和色氨酸残基的苯环含有共轭双键，因此蛋白质具有吸收紫外线的性质，吸收高峰在 280nm 波长处。在此波长范围内，蛋白质溶液的光吸收值（A_{280}）与其含量呈正比关系，可用作定量测定。由于核酸在 280 波长处也有光吸收，对蛋白质的测定有干扰作用，但核酸的最大吸收峰在 260nm 处，如同时测定 260nm 的光吸收值，通过计算可能消除其对蛋白质测定的影响，因此溶液中存在核酸时必须同时测定 280nm 及 260nm 的光吸收值，方可通过计算测得溶液中的蛋白质浓度。

利用紫外线吸收法测定蛋白质含量的优点是迅速、简便、不消耗样品，低浓度盐类不干扰测定。因此，在蛋白质和酶的生化制备中（特别是在柱色谱分离中）广泛应用。此法的缺点是①对于测定那些与标准蛋白质中酪氨酸和色氨酸含量差异较大的蛋白质，有一定的误差；②若样品中含有嘌呤、嘧啶等吸收紫外线的物质，会出现较大的干扰。不同蛋白质和核酸的紫外吸收是不同的，即使经过校正，测定结果也还存在一定的误差。但可作为初步定量的依据。

【实验操作】

1. 稀释血清（或其他蛋白质溶液）　准确吸取 0.1ml 血清，置于 50ml 容量瓶中，用蒸馏水稀释至刻度（即 500 倍）。

2. 测定光吸收值　在紫外分光光度计上，将稀释的蛋白质溶液倒入石英比色杯中，用生理盐水做对照，测得 280nm 和 260nm 两个波长的光吸收值。

【实验结果】

1. 原始数据记录 280nm 和 260nm 波长的光吸收值，即 A_{280} 和 A_{260}。

2. 计算 蛋白质浓度（mg/ml）$=1.45A_{280}-0.74A_{260}$

【实验仪器】

UV752 紫外分光光度计。

【注意事项】

1. 不同的蛋白质和核酸的光吸收率不完全是恒定不变，所以可能产生误差。另外核酸中的嘌呤碱，嘧啶碱在波长 260nm 和 280nm 都有光吸收作用。所以核酸的含量在 20%以下，$A_{280}/A_{260}>1.5$ 时，方可以使用上述公式。

2. 本法对于微量蛋白质的测定既快又方便，它还适应于用硫酸铵或其他盐类提纯的蛋白质样品（这种蛋白质样品含多种盐类混杂，用其他方法测定比较困难）。

3. 如纯系蛋白质样品，可根据该蛋白质在 280nm 附近标准吸光系数，直接测定该蛋白质的含量。如牛血清白蛋白的标准吸光系数为 6.3 测定时，按下列公式计算：样品中牛血清白蛋白浓度（mg/ml）$=A_{280}/6.3\times10$

4. 为简便起见，对于混合蛋白质溶液，可用 A_{280} 乘以 0.75 来代表其中蛋白质的大致含量（mg/ml）。

【思考题】

1. 紫外分光光度法测定蛋白质含量的原理是什么？
2. 如何解决紫外分光光度法测定蛋白质含量过程中可能出现的干扰因素？

二、Lowry 法测定蛋白质含量

【实验目的】

1. 掌握 Lowry 法测定蛋白质含量的原理和方法。

2. 学会蛋白质标准曲线的绘制。

3. 掌握 722 型可见分光光度计的使用。

【实验原理】

蛋白质的呈色剂是酚试剂。主要成分为磷钼酸-钨酸的混合酸，其化学成分包括 $3H_2OP_2O_5\cdot13WO_3\cdot5MoO_3\cdot10H_2O$ 和 $3H_2O\cdot P_2O_5\cdot14WO_3\cdot4MoO_3\cdot10H_2O$，可被蛋白质中半胱氨酸、酪氨酸、色氨酸和组氨酸还原成多种还原型混合酸，并且具有特殊的蓝色。反应式为：

$$\begin{array}{c}3H_2OP_2O_5\cdot13WO_3\cdot5MoO_3\cdot10H_2O\\3H_2OP_2O_5\cdot14WO_3\cdot4MoO_3\cdot10H_2O\end{array}$$

$$\Big\downarrow \text{蛋白质}$$

$$\begin{array}{c}3H_2OP_2O_3\cdot13WO_2\cdot5MoO_3\cdot10H_2O\\3H_2OP_2O_3\cdot14WO_2\cdot4MoO_3\cdot10H_2O\end{array}$$

与此同时，蛋白质肽键在碱性条件下，发生烯醇化反应，能使铜离子在 pH10 条件下螯合在肽键结构中，形成复合物，从而使电子转移到混合酸的显色剂上，增强了酚试剂对蛋白质的敏感性。蛋白质与酚试剂呈色深浅与蛋白质的含量成正比，利用蛋白质的浓度与呈色的关系，制备标准曲线，来测定样品中的蛋白质含量。

【实验操作】

1. 标准曲线的制备

（1）取 6 支试管，编号，用已知浓度的标准牛血清白蛋白溶液（浓度为 0.05%）配成一系列不同浓度的蛋白质溶液，按表 3-1 操作。

表 3-1　蛋白质测定标准曲线

试剂	1	2	3	4	5	6（空白）
蛋白质含量（μg）	50	100	150	200	250	0
标准蛋白液（ml）	0.1	0.2	0.3	0.4	0.5	0
生理盐水（ml）	0.9	0.8	0.7	0.6	0.5	1.0
试剂 A（ml）	0.9	0.9	0.9	0.9	0.9	0.9
混匀，置 50℃水浴 10min，冷却至室温						
试剂 B（ml）	0.1	0.1	0.1	0.1	0.1	0.1
室温放置 10min						
试剂 C（ml）	3.0	3.0	3.0	3.0	3.0	3.0

立即混匀，50℃水浴 10min，冷却后在波长 650nm 条件下比色，空白管调零，测定各管 *A* 值。

（2）标准曲线的绘制：蛋白质的含量（μg）为横坐标，光吸收值（*A*）为纵坐标，绘制出蛋白质含量的标准曲线。

2. 血清蛋白样品的测定　取 2 支试管，编号，按表 3-2 操作。

表 3-2　血清蛋白样品浓度测定

试剂/管号	测定管	空白管
稀释的样品（ml）	0.5	
生理盐水（ml）		0.5
试剂 A（ml）	0.9	0.9
混匀，置 50℃水浴 10min，冷却至室温		
试剂 B（ml）	0.1	0.1
室温放置 10min		
试剂 C（ml）	3.0	3.0

混匀后 50℃水浴 10min，冷却，在波长 650nm 条件下以空白管调零，测其光吸收值。从蛋白质标准曲线中查到样品中蛋白质的含量（μg）。

【实验结果】

1. 原始数据记录。

编号	标准管					测定管
	1	2	3	4	5	
A 值						

2. 绘制标准曲线。

3. 计算每 100ml 血清中所含蛋白质的克数：

g/L=样品中蛋白质含量（μg 数）$\times 1/0.5 \times 1000 \times 10^{-6} \times 500$

【试剂配制】

1. 0.05%标准牛血清蛋白溶液 称取 50mg 牛血清白蛋白，加蒸馏水溶解并定容至 100ml。4℃保存。

2. 试剂 A 2g 酒石酸钾钠及 100g Na_2CO_3 溶于 500ml 1.0mol/L NaOH 用水稀释至 1000ml。

3. 试剂 B 2g 酒石酸钾钠及 1g $CuSO_4 \cdot 5H_2O$ 混合后加水至 90ml，再加 1ml 1mol/L NaOH 即可。

4. 试剂 C

（1）市售的酚试剂按 1∶5 稀释，最后浓度为 0.15～0.18mol/L（用标准氢氧化钠滴定）。

（2）自制：称取 $NaWO_4 \cdot 2H_2O$，$Na_2MoO_2 \cdot 2H_2O$ 各 25g 溶于 700ml 水中，加 85% H_3PO_4 50ml，浓 HCl 100ml，混合后置圆底烧瓶内，文火回流蒸发 10h，加入 $LiSO_4 \cdot H_2O$ 15g，H_2O 50ml 和溴水数滴，继续沸腾 15min 除溴，冷却后加 H_2O 稀释至 1000ml，过滤后，滤液呈金黄色，置棕色瓶中保存，应用时稀释。

5. 生理盐水 0.9%NaCl。

【实验仪器】

722 型可见分光光度计。

【注意事项】

1. 测定蛋白质的浓度最好在 25～110μg 之间，故血清稀释倍数一般为 250～500 倍。

2. 各管加酚试剂应快，必须立即混匀，否则就会出现混浊。

【思考题】

1. 含有什么氨基酸的蛋白质能与 Folin-酚试剂呈蓝色反应？
2. 测定蛋白质含量除 Folin-酚试剂显色法以外，还可以用什么方法？

三、考马斯亮蓝法

【实验目的】

熟悉考马斯亮蓝法测定蛋白质含量的原理和方法。

【实验原理】

考马斯亮蓝 G-250 在酸性溶液中的游离状态呈红褐色，与蛋白质结合呈蓝色，且最大吸收波长从 465nm 转变为 595nm。蛋白质溶液在一定浓度范围内，与 595nm 的光吸收值成正比，可用于蛋白质的比色定量。

【实验操作】

取三支试管，编号，按表 3-3 操作。

表 3-3 考马斯亮蓝法测定蛋白质

试剂/管号	B（空白管）	S（标准管）	U（样品管）
生理盐水（ml）	0.1	—	—
蛋白标准液（250μg /ml）（ml）	—	0.1	—
待测样品（ml）	—	—	0.1
考马斯亮蓝试剂（ml）	5.0	5.0	5.0

各管混匀，5min 后在 595 nm 波长比色，以空白管调零，读取标准管及样品管的光吸收值（*A*s、*A*u）。

【实验结果】

1. 原始数据记录。

试管	测定管（A_u）	标准管（A_s）
A 值		

2. 计算

待测蛋白样品浓度=A_u/A_s×蛋白标准液浓度×稀释倍数

也可用标准曲线法测定：用牛血清白蛋白配成 0.1m 中含蛋白质 10μg、20μg、40μg、60μg、80μg 的一系列标准液，上述各管各加考马斯亮蓝试剂 5.0ml，5min 后，在 595nm 波长比色，读取各管光吸收值。以光吸收值为纵坐标，以蛋白质含量为横坐标，绘制标准曲线；根据同样条件测得的待测液的光吸收值，可从标准曲线中查得蛋白质含量。另外也可用蛋白质浓度已知的人血清用生理盐水适当稀释成一系列标准液，制备标准曲线。

【试剂配制】

1. 蛋白质标准液（250μg/ml） 小牛血清白蛋白 25mg 加生理盐水至 100ml。

2. 考马斯亮蓝 G-250 考马斯亮蓝 G-250 100mg，加 95%乙醇 50ml，加 85%（*W*/*V*）$H_3PO_4$100ml，加蒸馏水稀释至 1000ml，置棕色瓶过夜，用两层滤纸过滤。

【实验仪器】

722 型可见分光光度计。

【注意事项】

本法待测液 0.1ml 中含蛋白质 10～80μg 为宜，如果样品蛋白质浓度过高，可用生理盐水适当稀释后再测。

【思考题】

1. 用标准曲线法及标准管法测定蛋白质含量有何区别与意义。
2. 比较三种蛋白质含量测定方法各自的优缺点。

（赵 勇）

实验十一 血清 LDH 同工酶谱分析

同工酶（isozyme）是指催化相同的化学反应，而酶蛋白的分子结构、理化性质及免疫学性质不同的一组酶。同工酶不仅存在于同一个体的不同组织中，甚至存在于同一组织、同一细胞的不同亚细胞结构中。同工酶是研究代谢调节、分子遗传、生物进化、个体发育、细胞分化和癌变的有力工具，在酶学、生物学和医学中均占有重要地位。由于同工酶的理化性质有所差异，因此可用电泳或其他方法将它们分离开来。

人组织中的乳酸脱氢酶（LDH）用电泳法可以分离出 5 种同工酶区带，根据其电泳迁移率的快慢，依次命名为 LDH_1、LDH_2、LDH_3、LDH_4、LDH_5，不同组织的乳酸脱氢酶同工酶分布不同，存在明显的组织特异性，人心肌，肾和红细胞中以 LDH_1 和 LDH_2 最多，骨骼肌和肝中以 LDH_4 和 LDH_5 最多，而肺、脾、胰、甲状腺、肾上腺和淋巴结等组织中以 LDH_3 最多，后来从睾丸和精子中发现了 LDH_x，其电泳迁移率介于 LDH_4 和 LDH_5 之间，LDH 是由 H（心肌型）和 M（骨骼肌型）两类亚基组成，分别形成 LDH_1（H_4）、LDH_2（H_3M）、LDH_3（H_2M_2）、LDH_4（HM_3）、LDH_5（M_4）。

LDH 各同工酶的一级结构和等电点不同，在一定的电泳条件下，使其在支持介质上分离。然后利用酶的催化反应进行显色：以乳酸钠作为底物，LDH 催化乳酸脱氢生成丙酮酸，同时使 NAD^+ 还原为 NADH。氧化型吩嗪二甲酯硫酸盐（PMS）将 NADH 的氢传递给硝基蓝四氮唑（NBT），使其还原为紫红色的甲臜化合物。有 LDH 活性的区带就会显紫红色，且颜色的深浅与酶活性呈正比，利用光密度仪或扫描仪可求出各同工酶的相对含量。其反应如下：

$$CH_3—CHOH—COOH + NAD^+ \longrightarrow CH_3—\overset{\overset{O}{\|}}{C}—COOH + NADH + H^+$$

$$NADH^+ + H^+ + PMS \longrightarrow NAD^+ + PMSH_2$$

$$PMSH_2 + NBT \longrightarrow PMS + NBTH_2$$

下面介绍两种分离血清 LDH 同工酶的方法：乙酸纤维素薄膜电泳与琼脂糖凝胶电泳。

一、乙酸纤维素薄膜电泳法

【实验目的】

1. 掌握乙酸纤维素薄膜电泳分离 LDH 同工酶的原理及临床意义。

2. 了解乙酸纤维素薄膜电泳的特点。

【实验原理】

带电颗粒在电场力作用下，向着与其电性相反的电极移动的现象称为电泳。由于各种蛋白质都有特定的等电点，如将蛋白质置于 pH 低于其等电点的溶液中，则蛋白质将带正电荷而向负极移动。反之，则向正极移动。因为蛋白质分子在电场中移动的速度与其带电量、分子的形状及大小有关。所以，可用电泳法将不同的蛋白质分离开来。

乙酸纤维素薄膜电泳是利用乙酸纤维素薄膜做固体支持物的电泳技术。该电泳技术具有比纸电泳电渗小、分离速度快、样品用量小（可少于 10 微升）、分辨率高和分离清晰等优点。因此，从 1956 年 Kohn 首先应用此法以来，纸上电泳已逐渐被取代。乙酸纤维素薄膜电泳的操作方法另一个显著优点，即染色后的薄膜可用乙醇和冰乙酸溶液浸泡透明，透明后的薄膜便于保存和定量分析。乙酸纤维素薄膜可用于一般血清蛋白电泳、脂蛋白电泳、同工酶电泳、甲胎球蛋白电泳（AFP）、血红蛋白电泳以及免疫电泳等。

本实验利用乙酸纤维素薄膜电泳法分离人血清乳酸脱氢酶五个同工酶（LDH_1、LDH_2、LDH_3、LDH_4、LDH_5）。血清LDH的等电点在pH 7.4～pH 7.8之间，用乙酸纤维素薄膜作支持物，在pH 8.6巴比妥缓冲溶液中电泳，可将LDH同工酶分离。

【实验操作】

1. 准备薄膜　电泳槽内放适量的缓冲液，于两端的液槽间放一充满缓冲液的连通管，经过一定时间使两侧液面达到平衡后，取下连通管。在电泳槽的两侧的支持板上分别用四层滤纸（或纱布）搭桥，即使其一端搭到支持板上，另一端浸入缓冲液中。在乙酸纤维薄膜（2.5cm×6cm）的无光泽面距一端 1.5cm 处，用铅笔画一横线（与此端平行），作为准备点样的位置，称为点样线或者是起点线。把膜放进pH 8.6的巴比妥缓冲溶液中浸泡数小时使膜完全浸透后，取出，用吸水纸吸去多余缓冲液。

2. 点样　用玻棒蘸上血清样品，涂于盖玻片边缘处（边缘长度应比膜条宽度窄），将此边缘按压在直线上。注意：样品应点在薄膜的粗糙面一侧。使样品吸入膜内，静置10min。

3. 电泳　待血清完全渗入薄膜后，把膜放进电泳槽，点样面向下，点样端靠近阴极，搭好滤纸，调节电压120～140V，电流0.6～1.0mA/cm宽膜，电泳1h。

4. 染色　在电泳结束前5分钟配制应用液，取未用过的乙酸纤维素薄膜一条，将它漂浮在染色应用液上，直到下面完全湿润为止。取出，湿面向下贴于载玻片上。然后将电泳膜自电泳槽中取出，立即用滤纸吸干两端。将点样面小心的覆盖于载玻片上浸有染色液的膜上。操作需迅速，避免起泡和干燥。将载玻片移置于保湿搪瓷盘内，置 37℃温箱孵育30min，有LDH活力的地方即可显示出蓝紫色的区带。

5. 定位

LDH_1——移动速度最快，最靠近阳极，位于白蛋白与α_1球蛋白之间。

LDH_2——位于α_2球蛋白处。

LDH_3——在β_1、β_2球蛋白之间。

LDH_4——在γ球蛋白的前沿。

LDH_5——移动速度最慢，最靠近阴极端，在γ球蛋白之后。

6. 固定　将膜在固定液中固定10min。

【实验结果】

1. 肉眼观察并记录各条带颜色深浅，比较各同工酶活性。
2. 利用光吸收扫描法测定各条带光密度，进行比较。

【试剂配制】

1. 0.1mol/L 磷酸盐缓冲液（pH7.5）　称磷酸氢二钠（$Na_2HPO_4·7H_2O$）22.55g，磷酸二氢钾21.6g，加蒸馏水溶解并定容至1000ml，贮放于4℃冰箱。

2. 1mol/L 乳酸钠基质液　称70%乳酸钠16g，用0.1mol/L磷酸盐缓冲液（pH 7.5）溶解并定容至100ml，冰箱保存。

3. 0.1%吩嗪二甲酯硫酸盐（PMS）　称取100mg吩嗪二甲酯硫酸盐用蒸馏水溶解并定容到100ml，置棕色瓶内贮于4℃，可保存1～2周。此液对光敏感，变绿后不能使用。

4. 0.1%氯化硝基四唑氮蓝　称取100mg氯化硝基四唑氮蓝，用蒸馏水溶解并定容至100ml，贮于4℃，可保存几个月。

5. 固定液　10%冰乙酸。

6. 电泳槽缓冲液——巴比妥缓冲液（pH 8.6，离子强度 0.06） 巴比妥钠 12.76g，巴比妥 1.66g 加蒸馏水加热溶解后，再加蒸馏水定容至 1000ml。

7. 染色应用液 1mol/L 乳酸钠溶液 1ml，氯化硝基四唑氮蓝 3ml，吩嗪二甲酯硫酸盐 0.3ml，0.1 mol/L 磷酸盐缓冲液 1ml，NAD^+干粉 10mg，混匀。临用前配制。

【实验仪器】

1. 电泳仪。

2. 乙酸纤维薄膜。

3. 载玻片。

4. 染色容器。

5. 光吸收扫描仪。

【注意事项】

1. 所用仪器须绝对清洁，整个实验过程必须控制温度和时间，以求结果准确。

2. 缓冲液 pH 应准确，基质液要新鲜配制。

3. 染色时应注意薄膜上的染液要适量，过多会导致同工酶区带扩散，过少则会因为膜干燥而无法进行酶促反应。

4. 电泳温度不能过高。若室温超过 25℃时则需用冰降温，以免影响酶活力。

【思考题】

1. 乙酸纤维薄膜电泳分离 LDH 同工酶的原理是什么？
2. 结合实验，分析乙酸纤维薄膜电泳需要注意的地方。

二、琼脂糖凝胶电泳法

【实验目的】

1. 学习琼脂糖聚胶电泳分离 LDH 同工酶的技术。

2. 掌握 LDH 同工酶谱分析的临床意义。

【实验原理】

琼脂糖是从琼脂中提纯出来的，由 *D*-半乳糖和 3，6-脱水-*L* 半乳糖连接而成的一种线性多糖。它具有“分子筛”和“电泳”的双重作用。许多琼脂糖链依氢键及其他力的作用互相盘绕形成绳状琼脂糖束，构成大网孔型凝胶。该凝胶适合于免疫复合物、核酸与核蛋白的分离、鉴定及纯化。在临床生化检验中常用于 LDH、肌酸激酶（CK）等同工酶的检测。

琼脂糖电泳是目前进行 LDH 同工酶分离的常用方法，操作简便、重复性好、标本用量少，适合于临床实验室采用，但明显的溶血会导致假阳性，另外标本样数量较大会很费时。

【实验操作】

1. 琼脂糖凝胶板的制备 将 0.5%琼脂糖凝胶水浴加温熔化。取 2ml 熔化的凝胶液平浇于一洁净的载玻片上（载玻片放在水平台上，载玻片的大小为 7.5cm×2.5cm）。

2. 在凝胶半凝固时，用一小铁棒在 1/3 处放下，待胶凝固后，用磁铁吸出小铁棒，用滤纸片仔细吸去小槽内液体，此小槽为点样槽。

3. 加样与电泳 用微量注射器向小槽内加入新鲜血清 15～20μl。将凝胶板放在电泳槽内，两端各以浸有电泳缓冲液的滤纸或纱布作盐桥，点样端靠近阴极。电泳 40～60min，电压约 100V。

4. 显色 约于电泳终止前 10min，将 0.8%～0.9%琼脂糖染色胶在水浴中熔化。取此熔化的凝胶 0.67ml 与显色液 0.53ml 及 0.5mol/L 乳酸钠溶液 0.2ml 混匀，立即浇在电泳完毕的凝胶板上，37℃避光保温 1h，即显示出五条深浅不等的蓝紫色区带。最靠近阳极端的区带是 LDH_1，依次为 LDH_2、LDH_3 和 LDH_4，LDH_5 则移向阴极端。

5. 固定与干燥 将显色后的凝胶板浸于 2%乙酸溶液中，2h 后取出，用一干净滤纸覆盖凝胶板上，50℃烘 1.5～2h，烘干后，取下滤纸，背景即透明。

6. 如需定量，可用凝胶成像分析系统或光密度计测定各区带。

【实验结果】

1. 目视观察 根据在碱性介质中 LDH 同工酶由负极向正极泳动速率递减的顺序，电泳条带由正极到负极依次为：LDH_1（H_4）、LDH_2（H_3M）、LDH_3（H_2M_2）、LDH_4（HM_3）和 LDH_5（M_4）。按各区带呈色的深浅，比较 LDH 各同工酶区带呈色强度的关系。正常人 LDH 同工酶电泳图像上呈色深浅关系为 $LDH_2>LDH_1>LDH_3>LDH_4>LDH_5$。$LDH_5$ 显色很浅。

2. 光密度计扫描求相对百分率 用光密度计在 570nm 波长下扫描，求出各同工酶区带吸光度所占百分比。

3. 在不具备光密度计条件下，如果需要进行定量，可将各区带切开，分别装入试管中，加入 400g/L 尿素 4ml，于沸水浴中加温 5～10min，取出冷却后以 570nm 波长比色。空白管取大小相同但无同工酶区带的凝胶，用上述相同的方法处理。比色后根据各管光吸收值计算各同工酶的百分率。

4. 计算各同工酶百分率（%） 光吸收值总和（$A_{总}$）$=A_1+A_2+A_3+A_4+A_5$。式中，A_1～A_5 为各同工酶区带的光吸收值。分别计算 A_1～A_5 与 $A_{总}$的比率为各同工酶百分率（%）。

健康成年人血清中 LDH 同工酶百分比有如下规律：

$LDH_2>LDH_1>LDH_3>LDH_4>LDH_5$。

【临床意义】

按照 LDH 同工酶的分布可将组织分为 3 类：①以 LDH_1 为主，这类组织以心肌为代表，其中 LDH_1 占组织 LDH 总活性的一半以上，肾、胰、膈肌、红细胞次之；②以 LDH_5 为主，这类组织以肝为代表，LDH_5 占组织 LDH 总活性 50%以上。皮肤、骨髓、关节滑液、白细胞、血小板、胆汁次之；③以 LDH_3 为主，以肺、脾为代表，脑、肠、淋巴液、内分泌腺次之。

当组织损伤时，其中所含的同工酶就释放到血液中，引起同工酶活性的变化，因此，测定血清中各同工酶的相对活性有助于鉴别诊断相应的病变组织。电泳同工酶分析在临床上常用于急性心肌梗死的诊断，急性心肌梗死时，血清 LDH_1 和 LDH_2 显著升高，约 95%的病例的血清 LDH_1 和 LDH_2 比值大于 1，且 LDH_1 升高早于 LDH 总活性升高，病毒性和风湿性心肌炎及克山病心肌损害等，病人的血清 LDH 同工酶的改变与心肌梗死相似，$LDH_1/LDH_2>1$ 还见于溶血性贫血，恶性贫血，镰形细胞性贫血，肾脏损伤，肾皮质梗死，心肌损伤性疾病，瓣膜病等。

脑干含 LDH_1 较高，颅脑损伤仅累及大脑半球时，只有血清同工酶谱的绝对值增高，而不影响同工酶的相互比值，如果累及脑干时，病人血清 LDH_1 的含量也增高。

胚胎细胞瘤病人的血清 LDH_1 活性升高。

肝细胞损伤或坏死后，向血流释入大量的 LDH_4 和 LDH_5，致使血中 LDH_5/LDH_4 比值升高，故 $LDH_5/LDH_4>1$ 可作为肝细胞损伤的指标，急性肝炎以 LDH_5 明显升高，LDH_4

不增，$LDH_5/LDH_4>1$ 为特征；若血清 LDH_5 持续升高或下降后再度升高，则可认为是慢性肝炎；肝昏迷病人的血清 LDH_5、LDH_4 活性极高时，常示预后不良；原发性肝癌以血清 $LDH_4>LDH_5$ 较为常见。

肾皮质以 LDH_1 和 LDH_2 含量较高，肾髓质以 LDH_4 和 LDH_5 活性较强，患急性肾小管坏死，慢性肾盂肾炎，慢性肾小球肾炎以及肾移植排异时，血清 LDH_5 均可增高。

肺含 LDH_3 较多，肺部疾患时血清 LDH_3 常可升高，肺梗死时 LDH_3 和 LDH_4 相等，LDH_1 明显下降；肺脓肿病人的血清 LDH_3，LDH_4 常与 LDH_5 同时升高。

血清 LDH 总活性升高而同工酶谱正常（$LDH_1/LDH_2<1$）的病例，临床出现率依次为：心肺疾病，恶性肿瘤，骨折，中枢神经系统疾患，炎症，肝硬化，传染性单核细胞增多症，甲状腺机能低下，尿毒症，组织坏死，病毒血症，肠梗阻等。

肌营养不良病人肌肉中 LDH_1，LDH_2 明显增高，LDH_5 显著下降；而血清则相反，LDH_1，LDH_2 明显减少，LDH_4、LDH_5 显著升高，表明血清 LDH 同工酶主要来自肌肉组织，煤矿、钨矿矽肺病人的血清 LDH_1、LDH_2 下降，LDH_4、LDH_5 升高。

【试剂配制】

1. 巴比妥-HCl 缓冲液（pH 8.4，0.1mol/L） 溶 17.0g 巴比妥钠于 600ml 水，加入 1mol/L HCl 溶液 23.5ml，再加蒸馏水至 1000ml。

2. 0.5mol/L 乳酸钠溶液 称取 5.6g 乳酸钠，溶于蒸馏水并稀释至 100ml。

3. 0.001mol/L EDTA-Na2（乙二胺四乙酸钠盐）溶液 称取 $EDTA\text{-}Na_2\cdot H_2O$ 372mg，溶于蒸馏水并稀释至 100ml。

4. 0.5%琼脂糖凝胶 溶 50mg 琼脂糖于 5ml 巴比妥-HCl 缓冲液（pH8.4，0.1mol/L），加蒸馏水 5ml，待琼脂糖溶化后，再加 0.001mol/L $EDTA\text{-}Na_2$ 溶液 0.2ml，冰箱保存备用。

5. 0.8%～0.9%琼脂糖染色胶 溶 80mg～90mg 琼脂糖于 5ml 巴比妥-HCl 缓冲液（pH 8.4，0.1mol/L），加蒸馏水 5ml，待琼脂糖溶化后，再加 0.001mol/L $EDTA\text{-}Na_2$ 溶液 0.2ml，冰箱保存备用。

6. 显色液 溶 50mg NBT（硝基蓝四唑）于 20ml 蒸馏水（25ml 棕色容量瓶），溶解后，加入 NAD^+125mg 及 PMS（吩嗪二甲酯硫酸盐）12.5mg，再加蒸馏水至 25ml。该溶液应避光低温保存，一周内有效（最好现用现配）。如溶液呈绿色，即失效。

7. 2%乙酸缓冲液 2ml 乙酸（99.5%）加蒸馏水 98ml。

8. 电极缓冲液（pH8.6，0.075mol/L） 巴比妥钠 15.45g、巴比妥 2.76g 溶于蒸馏水，稀释至 1000ml。

9. 0.1mol/L 甘氨酸溶液 称取甘氨酸 7.505g，氯化钠 5.85g，用蒸馏水溶解并稀释至 1000ml。

10. 乳酸钠缓冲基质液（pH10.0） 在乳酸钠溶液（65%～70%）10ml 中加入 0.1mol/L 甘氨酸溶液 125ml、0.1mol/L 氢氧化钠 75ml，混合。

【实验仪器】

1. 水浴箱。

2. 电泳仪。

3. 凝胶成像系统。

【注意事项】

1. 红细胞中 LDH_1 与 LDH_2 活性很高，因此标本严禁溶血。

2. LDH_4 与 LDH_5（尤其是 LDH_5）对热很敏感，因此底物-显色液的温度不能超过 50℃，否则易变性失活。

3. LDH_4 和 LDH_5 对冷不稳定，容易失活，应采用新鲜标本测定。如果需要，血清应放置于 25℃条件下保存，一般可保存 2～3d。

4. PMS 对光敏感，故底物-显色液须避光，否则显色后凝胶板背景颜色较深。

5. 可用 0.5～1.0mol/L 的乳酸锂溶液（pH 7.0）代替上述乳酸钠溶液。乳酸锂化学性质稳定，易称量，还可避免乳酸钠长期放置后产生的酮类物质对酶促反应造成的抑制作用。

【思考题】

1. 什么是同工酶？为什么能用电泳的方法分离同工酶？
2. 同工酶在科学研究和实践中有何应用？
3. 比较乙酸纤维薄膜电泳与琼脂糖凝胶电泳分离同工酶的优缺点。

（赵　勇）

实验十二　碱性磷酸酶 K_m 值的测定

【实验目的】

1. 熟悉酶 K_m 值测定的原理和方法。

2. 掌握双倒数作图法。

【实验原理】

酶促反应的初速度，在温度、pH 及酶浓度恒定的条件下，随底物浓度[S]的增大而增加，但当底物浓度增大到一定极限时，反应速度趋于恒定，此为最大反应速度 V_{max}，反应速度（V）与底物浓度之间的关系可用米氏方程来表示，即：

$$V=\frac{V_{max}[S]}{K_m+[S]}$$

其中 K_m 为米氏常数，V_{max} 为最大反应速度，当 $V=V_{max}/2$ 时，则 K_m=[S]。K_m 是酶的特征常数，K_m 测定是研究酶的方法之一。将米氏方程变形为双倒数方程，以 $1/V$ 对 1/[S]作图，将各点连线，在横轴截距为$-1/K_m$，据此可算出 K_m 值。

$$\frac{1}{V}=\frac{K_m}{V_{max}}\cdot\frac{1}{[S]}+\frac{1}{V_{max}}$$

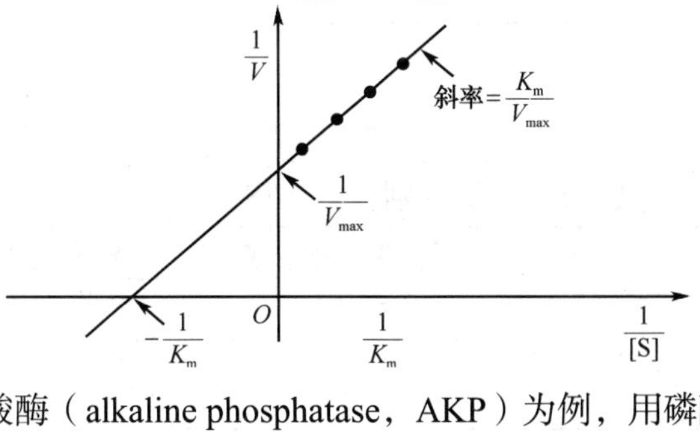

本实验以碱性磷酸酶（alkaline phosphatase，AKP）为例，用磷酸苯二钠作为酶底物，

水解生成酚和磷酸，酚在碱性溶液中与 4-氨基安替比林作用，经铁氰化钾氧化生成红色醌的衍生物，根据红色的深浅可测出酶活力高低。其反应式如下：

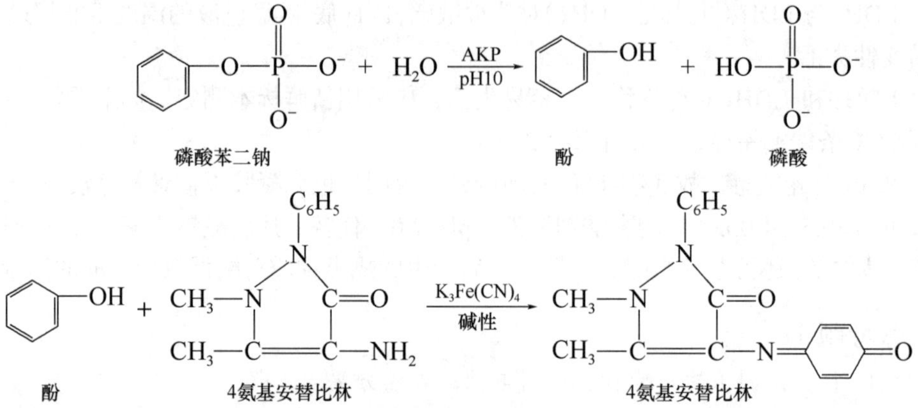

实验中设计不同的底物浓度，得到各自不同的反应速度（以各管的 A 值代表），以 $1/V$ 对 $1/[S]$作图，将各点连线，直线在横轴截距为$-1/K_m$，可算出 K_m 值。

【实验操作】

取 8 支试管，编号，按表 3-4 操作。

表 3-4　碱性磷酸酶 K_m 值测定

试剂/管号	1	2	3	4	5	6	7	8
0.04mol/底物液（ml）	0.05	0.15	0.25	0.30	0.40	0.60	0.80	0.00
pH10 碳酸缓冲液（ml）	0.90	0.90	0.90	0.90	0.90	0.90	0.90	0.90
蒸馏水（ml）	0.95	0.85	0.75	0.70	0.60	0.40	0.20	1.00
混匀，37℃水浴，预温 5min								
酶液（ml）	0.1	0.1	0.1	0.1	0.1	0.1	0.1	0.1
加入酶液后立即混匀（保持 37℃水浴），从加入酶液起准确计时保温 15min。保温结束，加入碱性溶液以终止反应。								
碱性溶液（ml）	1.0	1.0	1.0	1.0	1.0	1.0	1.0	1.0
4-氨基安替比林（ml）	1.0	1.0	1.0	1.0	1.0	1.0	1.0	1.0
铁氰化钾（ml）	2.0	2.0	2.0	2.0	2.0	2.0	2.0	2.0

各管充分混匀，室温放置 10min，于波长 510nm 比色，以 8 号管调零，测定各管光吸收值（A）。

【实验结果】

1. 原始数据记录

管号	1	2	3	4	5	6	7	8
A_{510}								0

2. 根据各管底物浓度[S]和 A_{510} 值分别计算 1/[S]和 1/A

管号	1	2	3	4	5	6	7	8
[S] mmol/L	1	3	5	6	8	12	16	0
1/[S]	1	0.333	0.200	0.167	0.125	0.083	0.063	—
1/A								

3. 作图

（1）以底物浓度[S]为横轴，各管 A（代表各管的反应速度）为纵轴作图，观察曲线形状，查出 K_m 值。

（2）以底物浓度的倒数 1/[S]为横轴，各管光吸收值的倒数 $1/A$ 为纵轴作图，观察曲线形状，查出 K_m 值。

【试剂配制】

1. 底物液（0.14mol/L 磷酸苯二钠） 称取 10.16g 磷酸苯二钠加水溶解并定容至 1000ml，加 4ml 氯仿防腐，置于棕色瓶中，4℃保存，一周内使用。

2. 0.1mol/L 碳酸盐缓冲液（pH10.0） 称取无水碳酸钠 6.36g 及碳酸氢钠 3.36g 溶解于蒸馏水中并定容至 1000ml。

3. pH 8.8 Tris 缓冲液 称取三羟甲基氨基甲烷（Tris）12.1g，用蒸馏水溶解，并定容至 1000ml，即为 0.1mol/L Tris 液。取 0.1 mol/L pH8.8Tris 缓冲液 100 ml，加蒸馏水 800 ml，再加 0.5mol/L 乙酸镁 20ml，混匀后用 1%的乙酸调 pH 至 8.8，最后用蒸馏水稀释至 1000ml 即可。

4. 酶液 称取碱性磷酸酶 5mg，溶于 pH 8.8 Tris 缓冲液并定容至 100ml。

5. 0.2mol/L NaOH 碱液 称取 0.8g NaOH 溶于蒸馏水并定容至 100ml。

6. 0.3% 4-氨基安替比林 称取 4-氨基安替比林 3g 及碳酸氢钠 42g，用蒸馏水溶解，并稀释至 1000ml，贮于棕色瓶中，放冰箱内保存。

7. 0.5% 铁氰化钾 称取铁氰化钾 5g 及硼酸 15g，各溶于 400ml 蒸馏水中，溶解后将两溶液混合，并加水定容至 1000ml，置于棕色瓶中，4℃保存。

8. 0.5mol/L 乙酸镁 称取 107.25g 乙酸镁溶于蒸馏水中，定容至 1000 ml。

【实验仪器】

1. 水浴箱。

2. 722 型可见分光光度计。

【注意事项】

1. 注意各管酶促反应时间要计时准确，保证条件一致。

2. 以底物浓度[S]对各管 A_{510} 作图时，注意最大反应速度的确定。

【思考题】

1. 酶的 K_m 值和 V_{max} 有何意义？
2. 已知某酶的 K_m 值为 0.15mmol/L，在 V=90%V_{max} 时，底物浓度应是多少？
3. 酶促反应过程中，应注意哪些影响因素？

（杨　菁）

实验十三　碱性磷酸酶分离纯化及比活性的测定

【实验目的】

1. 了解碱性磷酸酶提取分离和纯化的方法。

2. 熟悉比活性测定的原理与方法。

3. 掌握比活性的概念及比活性测定的意义。

【实验原理】

酶是蛋白质，所以酶的提取、分离与纯化的方法与蛋白质相似。通常蛋白质的分离纯化的方法有中性盐盐析法（如硫酸铵盐析等），电泳法（如聚丙烯酰胺凝胶电泳等），层析法以及有机溶剂法（如丙酮、乙醇、乙醚、正丁醇等提取）等。通常要多种方法配合使用，才能得到比较纯净的蛋白质或酶。

本实验主要采用有机溶剂法分离提取碱性磷酸酶。利用不同的蛋白质在不同浓度的有机溶剂中的溶解度差异而达到分离的方法，称为“有机溶剂分段沉淀法”。使用的有机溶剂，多为乙醇和丙酮等能与水相混溶的有机溶剂，可以通过降低介质的介电常数及对酶蛋白的脱水作用，使酶蛋白凝集易于从溶液中沉淀出来。

本实验在制备肝匀浆时使用低浓度的乙酸钠以达到破膜作用，乙酸镁则有保护和稳定AKP 的作用；匀浆中加入正丁醇能使部分杂蛋白变性，再经过滤除去变性杂蛋白。含有AKP 的滤液，进一步用冷丙酮和冷乙醇进行分离纯化。根据 AKP 在终浓度 33%的丙酮或终浓度 30%的乙醇中是溶解的，而在终浓度 50%的丙酮或终浓度 60%的乙醇中是不溶解的特性，利用离心法重复分离、提纯，最终可使 AKP 达到部分纯化。

操作过程中 pH 要控制在沉淀蛋白质等电点附近，并在有机溶剂中添加一定浓度的中性盐，有机溶剂在中性盐存在时能增加蛋白质的溶解度，减少变性，提高分离效果。

为进一步验证提纯过程中酶是否获得纯化，还需测定各阶段中酶的比活性等多项指标。酶的比活性是指单位重量蛋白质样品中所含的酶活性单位。随着酶被逐步纯化，其比活性也随之逐步升高，所以测定酶的比活性可以鉴定酶的纯化程度。根据国际酶学委员会规定，酶的比活性用每毫克蛋白质具有的酶活性单位来表示。因此，测定样品的比活性必须测定：①每毫升样品中的蛋白质毫克数；②每毫升样品中酶的活性单位数。

本实验通过测定碱性磷酸酶提取纯化过程各阶段的得率及比活性，计算纯化倍数，比较各阶段纯化程度。其中，碱性磷酸酶活性以磷酸苯二钠法测定；样品中的蛋白质含量以 Lowry 法测定（参见第三章实验十《蛋白质含量的测定》）。

碱性磷酸酶活性测定用磷酸苯二钠法，以磷酸苯二钠做底物，被 AKP 水解后生成磷酸盐和酚，后者在碱性条件下与 4-氨基安替比林反应，再经铁氰化钾氧化，生成红色的醌衍生物。据红色的深浅可测定出酚的含量，从而计算出酶活性的大小（参见第三章实验十二《碱性磷酸酶 K_m 值的测定》）。

【实验操作】

一、碱性磷酸酶的提取分离和纯化

1. 制备肝匀浆 称新鲜兔肝约 2g，剪碎后置于玻璃匀浆器，加 0.01mol/L 乙酸镁-0.01mol/L 乙酸钠溶液 4ml，迅速制成匀浆，倒入刻度离心管中，再加 2ml 0.01 mol/L 乙酸镁-0.01mol/L 乙酸钠溶液冲洗匀浆器，记录其体积。吸出 0.1ml 匀浆置另一试管中，并加入 4.9ml pH 8.8 的 Tris 缓冲液稀释，此为 A 液，留待测其比活性。

2. 正丁醇除杂蛋白 上述匀浆加正丁醇 2ml，用玻璃棒充分搅拌 2min，放置 20min，过滤，留滤液于刻度离心管中。

3. 第一次丙酮提纯 滤液中加等体积的冷丙酮，立即混匀后离心（2000rpm，5min），上清弃去，在沉淀中加入 0.5mol/L 乙酸镁 4ml，用玻璃棒搅拌使其溶解。记录此悬液体积。

吸取 0.1 ml 置另一试管中，并加入 pH 8.8 Tris 缓冲液 4.9ml，此为 B 液，留待测其比活性。

4. 乙醇分段提纯　悬液中缓慢地加冷的 95%乙醇，使乙醇的终浓度为 30%，立即混匀，离心（2000rpm，5min），上清倒入另一刻度离心管中，弃去沉淀，上清中加入冷 95%乙醇并使乙醇的终浓度达 60%，混匀后离心（2500rpm，5min），弃去上清，沉淀以 0.5mol/L 乙酸镁 3ml 充分溶解并记录体积。吸取此液 0.2ml 置另一试管中，加 pH 8.8 Tris 缓冲液 3.8ml，此为 C 液，留待测其比活性。

5. 第二次丙酮分段提纯　上述悬液中加冷丙酮，使丙酮的终浓度为 33%，混匀后离心（2500rpm，5min），弃去沉淀，上清液倾入另一刻度离心管中再缓慢加入冷丙酮使丙酮的终浓度达 50%，混匀离心（4000rpm，10min），弃去上清，沉淀即为部分纯化 AKP。往此沉淀中加 pH8.8Tris 缓冲液 4ml，充分溶解，再离心（2000rpm，5min），上清液倒入另一刻度离心管中，记录其体积，沉淀弃去。上清液是为部分纯化酶液。取其 0.2ml 置另一试管中，加 pH8.8 Tris 缓冲液 0.8ml，此为 D 液，留待测其比活性。余下的上清为 D′液，留待测其蛋白质含量。

具体操作流程如下：

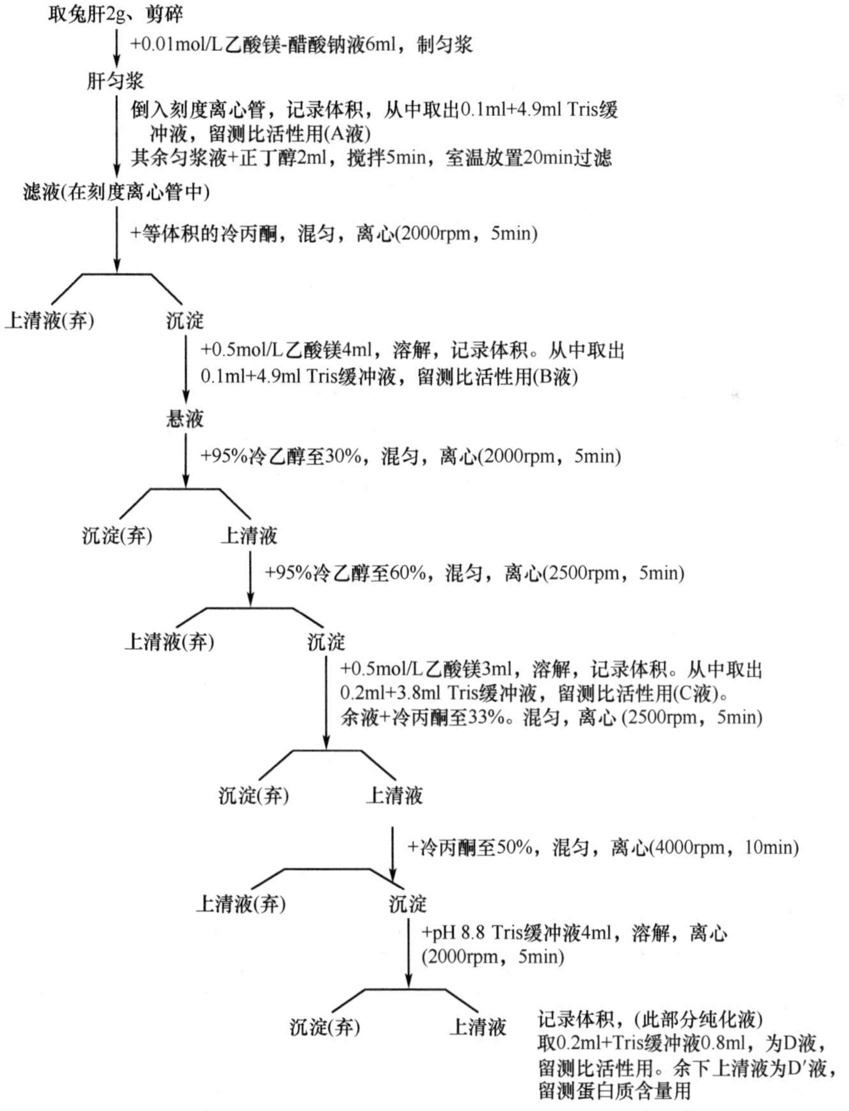

二、碱性磷酸酶比活性的测定

（一）各纯化阶段酶活性的测定

1. 取试管 6 支，编号，按表 3-5 操作。

表 3-5　碱性磷酸酶活性测定

试剂	A	B	C	D	标准	空白
0.1mol/L 的碳酸缓冲液（ml）	0.9	0.9	0.9	0.9	0.9	1.0
0.02mol/L 基质液（ml）	1.0	1.0	1.0	1.0	1.0	1.0
酚标准液（100μg/ml）	—	—	—	—	0.1	—

各管置 37℃水浴中预保温 5min，将上述提纯的各阶段酶稀释液各取 0.1ml，分别加入相应的 A、B、C、D 管内（空白、标准管内不加），立即在 37℃水浴中准确保温 15min。

2. 保温完毕，各管中立即加入 0.5mol/L NaOH 1.0ml 以终止反应。

3. 各管中分别加入 0.3% 4-氨基安替比林 1.0ml 及 0.5%铁氰化钾 2.0ml。充分摇匀，使显色完全，室温放置 10min，于波长 510nm 比色（以空白调零）。

4. 酶活性单位的计算

本实验是按在 37℃下保温 15min 每产生 1mg 的酚为一个酶活性单位。

每毫升样品酶活性单位=$A_{\text{稀释酶液}}/A_{\text{标准管}}\times 10\times 1/1000\times 10\times$稀释倍数

总酶活性单位=每毫升样品中酶活性单位×样品毫升数

注意：

（1）由前面操作可知 A 和 B 管各稀释了 50 倍，C 管为 20 倍，D 管为 5 倍。

（2）样品毫升数系指各阶段记录之体积。

（3）也可按标准曲线法计算酶活性，即先从标准曲线查得各管释放之酚量，计算各阶段稀释酶液中酶活性单位数，再计算未经稀释的样品中 AKP 活性单位及总活性单位。

（二）各纯化阶段样品中蛋白质含量的测定

1. 样品的稀释　测定前保留的 A 液还需再稀释 10 倍，为 A′液，否则蛋白质浓度太高，影响测定结果。其他各管不需再稀释，各取 1.0ml 测定即可。

2. 取试管 7 支，编号，按表 3-6 操作。

表 3-6　碱性磷酸酶提纯各阶段蛋白含量测定

试剂	A′	B	C	D′	标准管	样品空白	标准空白
各阶段酶稀释液（ml）	1.0	1.0	1.0	1.0	—	—	—
pH 8.8 Tris 溶液（ml）	—	—	—	—	—	1.0	—
0.9%NaCl（ml）	—	—	—	—	—	—	1.0
蛋白质标准液（ml）	—	—	—	—	1.0	—	—
试剂 A（ml）	0.9	0.9	0.9	0.9	0.9	0.9	0.9
混匀，置 50℃水浴中保温 10min，冷却至室温							
试剂 B（ml）	0.1	0.1	0.1	0.1	0.1	0.1	0.1
混匀，室温放置 10min							
试剂 C（ml）	3.0	3.0	3.0	3.0	3.0	3.0	3.0

立即混匀，在 50℃水浴中保温 10min，冷却至室温。如有混浊要离心（1000rpm，5min）。上清液在波长 650nm 处比色（以标准空白调零）。

【实验结果】

1. 原始数据记录

（1）酶活性测定光吸收值：

管号	A	B	C	D	标准管
A_{510}					

（2）蛋白质测定光吸收值：

管号	A′	B	C	D′	标准管	样品空白
A_{650}						

2. 蛋白质浓度的计算

每毫升样品中蛋白毫克数（mg/ml）=（$A_{稀释酶液}-A_{样品空白}$）/$A_{标准管}$×100×1/1000×稀释倍数（A′500 倍，B 50 倍，C 20 倍，D′管 1 倍）

总蛋白毫克数=每毫升样品中蛋白质毫克数×样品毫升数

3. 酶活性单位的计算 见前述（一）各纯化阶段酶活性测定步骤“4.”。

4. 酶比活性及得率的计算

（1）比活性的计算：

AKP 比活性=每毫升样品中 AKP 活性单位数/每毫升样品中蛋白质毫克数

（2）纯化倍数的计算：

AKP 各阶段纯化倍数=各阶段比活性/匀浆（A 液）比活性

（3）得率的计算：

AKP 各阶段得率=各阶段酶的总活性单位/匀浆（A 液）酶的总活性单位

5. 将实验结果填入表 3-7 内，分析各提纯步骤的意义。

表 3-7 有机溶剂分段沉淀法提纯兔肝碱性磷酸酶结果

分离阶段	总体积（ml）	蛋白质含量（mg/ml）	总蛋白量（mg）	每毫升酶活性单位	酶总活性单位	比活性（单位/毫克）	纯化倍数	得率（%）
匀浆（A 液）								
第一次丙酮提取（B 液）								
乙醇提取（C 液）								
第二次丙酮提取（D 液）								

【试剂配制】

1. 0.5mol/L 乙酸镁 称取 107.25g 乙酸镁溶于蒸馏水中，定容至 1000ml。

2. 0.1mol/L 乙酸钠 称取 8.2g 乙酸钠溶于蒸馏水中，定容至 1000ml。

3. 0.01mol/L 乙酸镁-乙酸钠溶液 准确吸取 20ml 0.5mol/L 乙酸镁溶液及 100ml 0.1mol/L 乙酸钠溶液，混匀后定容至 1000ml。

4. 丙酮（分析纯）

5. 95%的乙醇（分析纯）

6. 0.01mol/L pH 8.8 Tris 缓冲液 称取三羟甲基氨基甲烷（Tris）12.1g，加蒸馏水至1000ml。此为 0.1 mol/L pH 8.8 Tris 缓冲液。取 0.1 mol/L pH 8.8 Tris 缓冲液 100 ml，加蒸馏水 800 ml，再加 0.5mol/L 乙酸镁 20ml，混匀后用 1%的乙酸调 pH 至 8.8，最后用蒸馏水稀释至 1000ml 即可。

7. 0.1mol/L 碳酸盐缓冲液（pH10.0） 称取无水碳酸钠 6.36g 及碳酸氢钠 3.36g 溶解于蒸馏水中并定容至 1000ml。

8. 0.02mol/L 基质液 称取磷酸苯二钠（$C_6H_5PO_4Na0·2H_2O$）7.58g，用冷却的蒸馏水溶解，稀释至 1000ml，置棕色瓶中，放冰箱中保存。

9. 0.2mol/L NaOH 碱液 称取 0.8g NaOH 溶于蒸馏水并定容至 100ml。

10. 0.3% 4-氨基安替比林 称取 4-氨基安替比林 3g 及碳酸氢钠 42g，用蒸馏水溶解，并稀释至 1000ml，贮于棕色瓶中，放冰箱内保存。

11. 0.5% 铁氰化钾 称取铁氰化钾 5g 及硼酸 15g，各溶于 400ml 蒸馏水中，溶解后将两溶液混合，并加水定容至 1000ml，置于棕色瓶中，4℃保存。

12. 酚标准液

（1）称取结晶酚 1.50g，溶于 0.1mol/L HCl 至 1000ml，为储备液。

（2）标定：取 25ml 上述酚液加 55ml 0.1mol/L NaOH 后加热至 65℃，再加入 0.1 mol/L 的碘液 25ml，放置 30min 后加浓盐酸 5ml，再以 0.1%淀粉为指示剂，用 0.1mol/L 的硫代硫酸钠滴定。反应如下：

$$3I_2 + C_6H_5OH \rightarrow C_6H_2I_3OH + 3HI$$
$$I_2 + 2Na_2S_2O_3 \rightarrow 2NaI + Na_2S_4O_6$$

据反应，3 分子碘（分子量为 254）与 1 分子的酚（分子量为 94）起作用，因此，每毫升 0.1 mol/L 的碘溶液（含碘 12.7mg）相当于酚的量为：

$$12.7 \times 94 \div (3 \times 254) = 1.567$$

25ml 碘溶液中的硫代硫酸钠滴定者为 X ml，则 25ml 酚溶液中所含酚量为：

$$(25-X) \times 1.567\text{mg}$$

（3）应用时按上述标定结果用蒸馏水稀释至作为标准液。

（4）制备标准曲线

取试管 6 支，分别取标准酚溶液（1ml 含 0.1mg 的酚）0.0ml、0.05ml、0.1ml、0.2ml、0.3 ml、0.4ml，加蒸馏水至 2.0ml 后，在 37℃水浴中保温 5min，然后各加入 0.5mol/L NaOH 1.0ml，0.3% 4-氨基安替比林 1.0ml，0.5%铁氰化钾 2.0ml 混合后，室温放置 10min，510nm 的波长下比色，绘制标准曲线。各管酚量分别为 0μg、5μg、10μg、20μg、30μg、40μg。

【实验仪器】

1. 刻度离心管。

2. 水浴箱。

3. 722 型可见分光光度计。

4. 离心机。

【注意事项】

1. 室温条件下有机溶剂可使大多数酶失活，因此分离提纯实验须在低温下进行，有机溶剂预先冷却。

2. 加入有机溶剂时宜缓慢滴加、充分搅拌，避免局部浓度过高，使酶蛋白变性。加有机溶剂混匀后不宜放置过久，应立即离心。离心后应立即以缓冲液溶之，以减少酶的失活。

3. 用有机剂进行分离时，不但注意 pH 及蛋白质浓度，而且还要注意溶液的离子强度。一般离子强度在 0.05 或稍低为最好。

4. 凡废弃上清液中含有丙酮及乙醇者均需倒入回收瓶中。

5. 各步加入有机溶剂量的计算要准确，否则会影响整个实验结果。计算方法如下：

设原浓度为 C_1 样品，体积为 V_1，需加浓度为 C_2 溶剂调节到浓度为 C_3，则溶剂的加入量 V_2 按下式计算：

$$V_2=(C_3-C_1)V_1/(C_2-C_3)$$

【思考题】

1. 何谓蛋白质变性？蛋白质变性原理有何应用价值？
2. 利用有机溶剂分离纯化蛋白质，应注意哪些问题？

（杨 菁）

实验十四 DNA 琼脂糖凝胶电泳

【实验目的】

1. 掌握琼脂糖凝胶电泳技术及原理。

2. 了解琼脂糖凝胶电泳的应用。

【实验原理】

琼脂糖凝胶电泳是分离、纯化、鉴定 DNA 片段的常用方法，具有简便、快速的优点。DNA 分子在高于其等电点的溶液中带负电荷，在电场中向正极移动。除电荷效应外，凝胶介质还有分子筛效应，与分子大小及构象有关。对于线性 DNA 分子，其电场中的迁移率与其分子量的对数值成反比。在凝胶中加入少量溴化乙锭，其分子可插入 DNA 的碱基之间，因此可在紫外灯下直接观察到 DNA 片段在凝胶上的位置，并可在紫外灯下或经凝胶成像系统观察或拍照（表 3-8）。

表 3-8 线状 DNA 片段分离的有效范围与琼脂糖凝胶浓度关系

琼脂糖凝胶的百分浓度（%）	线状 DNA 分子的有效范围（Kb）
0.3	60～5
0.6	20～1
0.7	10～0.8
0.9	7～0.5
1.2	6～0.4
1.5	4～0.2
2.0	3～0.1

【实验操作】

1. 称 0.2g 琼脂糖，加 20ml 电泳缓冲液（1×TAE）加热熔化。

2. 胶液冷至 60℃时，加溴化乙锭 3μl，小心混匀，缓慢倒入制胶模具中，在胶一端插上梳子。

3. 待胶凝固后，拔出梳子，将模具置于电泳槽中，加入 1×TAE，让液面高于胶面 1mm。

4. 把 DNA 样品和上样缓冲液按照 5∶1 混合均匀，用微量进样器分别吸取样品，小心将样品注入点样孔内。

5. 接通电源，1～5V/cm 电压，开始电泳。

6. 据指示剂迁移位置，判断是否终止电泳。切断电源后，取出凝胶，紫外灯下或经凝胶成像系统观察或拍照。

7. 比较待测 DNA 的条带与已知 DNA 的各条带位置确定待测 DNA 的分子量。

【试剂配制】

1. 琼脂糖

2. 5 mg/ml 溴化乙啶 称取溴化乙啶 10mg，加入蒸馏水 2ml 溶解即得。

3. 电极缓冲液（1×TAE） 称取三羟甲基氨基甲烷（Tris）4.84g，加入加 500ml 蒸馏水溶解，用 0.3mol/L 盐酸调 pH 至 8.0。加入 EDTA 0.29g，溶解后定容至 1 L。

4. 上样缓冲液 称取溴酚蓝 0.25g，EDTA 0.34g，加水 50ml 溶解，再加甘油 50ml，混匀后，4℃保存。

【实验仪器】

1. 稳流稳压电泳仪。

2. 水平式凝胶电泳槽。

3. 掌式离心机

4. 微波炉。

【注意事项】

EB 有致癌性，因此要戴手套操作，并将实验废弃物集中处理。

【思考题】

影响电泳速度的因素有哪些?

（杨 菁）

实验十五 聚合酶链式反应技术（PCR）体外扩增 DNA

【实验目的】

1. 掌握 PCR 技术的原理和基本操作。

2. 了解 PCR 技术的应用。

【实验原理】

聚合酶链式反应（polymerase chain reaction，PCR），又称无细胞分子克隆，是体外酶促合成特异 DNA 片段的一种技术。由于这种方法操作简单、特异性强、实用性强、灵敏度高并可自动化，因而在分子生物学、基因工程研究以及对遗传病、传染病和恶性肿瘤等基因诊断和研究中得到广泛应用。

PCR 类似于 DNA 的天然半保留复制过程，双链 DNA 在多种酶的作用下可以变性解链成单链，在 DNA 聚合酶与启动子的参与下，根据碱基互补配对原则复制成同样的两分子的拷贝。PCR 反应进行的基本条件为：①DNA 为模板；②寡核苷酸为引物；③dNTP（dATP、dTTP、dGTP 和 dCTP）为底物；④耐热 Taq DNA 聚合酶。

PCR 每一个循环由三个基本反应步骤组成。

1. 模板 DNA 的变性　加热至 93～95℃，模板双链 DNA 变性解离成单链。

2. 模板 DNA 与引物的退火（复性）　降低温度至适当温度（40～60℃），使引物与模板 DNA 单链的互补序列配对结合。

3. 引物的延伸　在适宜温度下（72℃），Taq DNA 聚合酶利用 dNTP 为底物，根据碱基互补配对原则，将 DNA 模板-引物结合物中的引物向 5′→3′方向延伸，合成一条与模板 DNA 链互补的新链。

每一个循环产物可作为下一个循环的模板，因此通过 25～35 个循环后，目的基因被扩增放大几百万倍（2^{25}～2^{35}）。扩增后产物即 PCR 产物经琼脂糖凝胶电泳分离后，紫外灯下观察其结果。

【实验操作】

1. 模板 DNA 制备　利用小量抽提 DNA 试剂盒或者其他快速、微量的 DNA 提取方法，从所用组织中制备模板 DNA，如血液，动物组织，细胞培养样品等，本实验选取小鼠肝脏 DNA 为模板，扩增 β-actin 基因，其片段长度为 800 bp。

2. 利用 Primer 或 Oligo 系列软件，设计 β-actin 特异性上游引物和下游引物，并由生物公司合成。引物内加入适量的 ddH_2O，制备储存溶液储存于–20℃。PCR 反应前用 ddH_2O 稀释至工作浓度。

3. PCR 反应　在 0.2 ml EP 管中按表 3-9 加入各种试剂，并离心混匀。

表 3-9　PCR 反应体系

试剂	数量（μl）
10×Taq DNA 聚合酶缓冲液	5（1/10 体积）
25mmol/L $MgCl_2$	3（1.5～2.5 mmol/L）
dNTP 混合液	4（0.2 mmol/L）
上游引物	0.5（0.1～0.5 μmol/L）
下游引物	0.5（0.1～0.5 μmol/L）
Taq DNA 聚合酶（5 U/μl）	0.25（1～5 U）
模板 DNA（基因组 DNA＜0.1 μg）	5（1pg～1 μg）
H_2O	31.75（补水至终体积）
总体积	50

4. 按下列条件在 PCR 自动扩增仪上进行循环　94℃预变性 5 min；94℃ 30 秒；55℃ 30 秒；72℃ 45 秒，共 30 个循环；反应在 72℃停留 5min，4℃保存。

5. PCR 产物鉴定 PCR 产物可经琼脂糖凝胶电泳法进行分离鉴定。取适量 PCR 产物，与上样缓冲液混匀后，进行点样电泳，方法详见第三章实验十四《DNA 琼脂糖凝胶电泳》。

【试剂配制】

1. 1～5 U/L Taq DNA 聚合酶

2. 10×Taq DNA 聚合酶缓冲液 称取三羟甲基氨基甲烷（Tris）12.1 g，用加 500ml 蒸馏水溶解，用 0.3mol/L 盐酸调 pH 至 8.3。再加入氯化钾 37.3g，氯化镁 1.4g，充分溶解后定容至 1L。

3. 25 mmol/L MgCl2 溶液 称取氯化镁 2.4g，加水溶解后定容至 1000ml。

4. 模板 DNA 小鼠肝脏 β-actin 基因。

5. β-actin 特异性上游引物 5′ATCTGGCACCACACCTTCTACAATG 3′。

6. β-actin 特异性下游引物 5′CGTCACACTCCTGCTTGCTGATCCACAT CTGC 3′

7. 20 mmol/L 4 种 dNTP 混合液（pH 8.0）

【实验仪器】

1. PCR 自动扩增仪。

2. 稳流稳压电泳仪。

3. 水平式凝胶电泳槽及制胶模具。

4. 掌式离心机。

5. 微波炉。

6. 微量移液器。

【注意事项】

1. 减少外源性 DNA 的污染非常重要，因此 PCR 所需的玻璃仪器应在 150℃烤箱内烘干 6h，EP 管及移液器吸头等需高温高压灭菌。

2. 推荐使用薄壁 PCR 管，确保能量传导速度。

【思考题】

1. 简述 PCR 的反应原理。
2. PCR 反应体系有几种重要的反应成分，其各自作用是什么？
3. PCR 产物经琼脂糖凝胶电泳检测后没有条带，分析其可能原因。

（包晓红）

实验十六 质粒 DNA 的制备（碱变性法）

【实验目的】

1. 掌握质粒 DNA 制备的原理和基本操作。

2. 了解质粒 DNA 在基因克隆中的作用。

【实验原理】

质粒（plasmid）是一种染色体外、具有双链闭环结构的 DNA 分子，大小从 1～200kb

不等。质粒主要发现于细菌、放射线菌和真菌细胞中，具有自主复制和转录能力，能在子代细胞中保持恒定的拷贝数，并表达所携带的遗传信息。

从大肠杆菌中提取质粒 DNA，主要依据质粒 DNA 分子较染色体 DNA 小，且具有超螺旋共价闭合环状的特点，从而将质粒 DNA 与大肠杆菌染色体 DNA 分离。利用染色体 DNA 与质粒 DNA 的变性与复性的差异而达到分离目的。

普遍采用的碱变性法具有操作简便、快速、得率高的优点。在碱变性条件下（pH 12.6），染色体的线性 DNA 的氢键断裂，双螺旋结构解开而变性，质粒 DNA 氢键也大部分断裂，共价闭合环状质粒 DNA 的大部分氢键也断裂，但两条互补链不会完全分离，当以 pH 4.8 的乙酸钠将其 pH 调到中性时，变性的质粒 DNA 又恢复到原来的构型，而染色体 DNA 不能复性，形成缠绕的致密网状结构，高速离心后，由于浮力密度不同，染色体 DNA 与大分子 RNA、蛋白质-SDS 复合物、细胞碎片等一起沉淀下来而被除去。上清液中的质粒用酚/氯仿抽提纯化或吸附法纯化，再用乙醇或异丙醇将溶于上清液中的质粒 DNA 沉淀，最后用 TE 缓冲液或无菌水重新溶解质粒 DNA。

【实验操作】

提取纯化质粒 DNA 的方法一般包括 3 个基本步骤：培养细菌使质粒扩增；收集和裂解细菌；分离和纯化质粒 DNA。具体实验操作如下：

1. 培养细菌使质粒扩增　从选择性培养平板（含氨苄青霉素 Ampicillin 的 LB 固体培养平板）上用接种环或无菌移液器吸头选取出一个菌落，移至含有 2 ml LB/Amp 培养基的试管中。摇床内 37℃振荡培养 12～16h。

2. 收集和裂解细菌

（1）用微量移液器将 1.5ml 培养物移至 1.5ml 离心管中，10 000*g* 离心 1min，收集菌体。

（2）弃上清，将细菌沉淀悬浮在 200μl 预冷的溶液Ⅰ中，用振荡器漩涡混匀。加入 2.5 μl RNase A（10mg/ml），混匀。

（3）加 200μl 新配制的溶液Ⅱ，盖紧离心管盖，快速、温和颠倒混匀离心管 4～6 次，冰上放置 5min。

（4）加 200μl 预冷的溶液Ⅲ，盖紧离心管盖，温和颠倒混匀离心管 5～8 次，冰上放置 20 min。

（5）4℃，12 000*g* 离心 10min，将上清转移到另一离心管中。

3. 分离和纯化质粒 DNA

（1）加等体积酚：氯仿：异戊醇（25：24：1），震荡混匀，4℃，12 000*g* 离心 10min，此时可见溶液分 3 层，吸取上层无色水相到另一个离心管中。

（2）加入 2 倍体积无水乙醇沉淀 DNA，室温放置 5min，12 000*g* 离心 10min，小心弃上清。

（3）加入 500μl 70%乙醇洗涤 DNA 沉淀，盖紧离心管盖，颠倒数次后 12000 *g* 离心 2min，小心弃上清。

（4）打开离心管盖，室温干燥质粒 DNA 5～10min。

（5）待乙醇挥发后加入 20～50μl TE 缓冲液或 ddH_2O 溶解质粒，4℃短期保存或 –20℃长期保存。提取的质粒可通过琼脂糖凝胶电泳鉴定或通过分光光度法对其定性或定量。

【试剂配制】

所有的试剂均需高温高压灭菌（有机溶剂除外）。

1. 溶液Ⅰ 50mmol /L 葡萄糖，25mmol/L Tris-Cl（pH8.0），10mmol/L EDTA（pH 8.0），高温高压灭菌 15min，储存于 4℃冰箱。

2. 溶液Ⅱ 0.2mol/L NaOH（使用前用 10mol/L NaOH 储存液稀释），1% SDS（从 10% SDS 储存液中稀释，10% SDS 可室温保存）。

3. 溶液Ⅲ 5mol/L 乙酸钾 60ml，乙酸 11.5ml，H_2O 28.5ml，高温高压灭菌 15min，储存于 4℃冰箱。溶液终浓度为 3mol/L 乙酸钾，2mol/L 冰乙酸。

4. 10 mg/mL RNase A 储存液 将 RNase A 溶于 10mmol/L Tris-HCl（pH7.5），15mmol/L NaCl 中，于 100℃ 加热 15min，使残留的 DNA 酶失活。冷却后分装保存于 −20℃。

5. TE 缓冲液 1mmol/L EDTA，10mmol/L Tris-HCl（pH8.0）。

6. 酚/氯仿/异戊醇（*V*/*V*） 25∶24∶1。

7. 无水乙醇

8. 70%乙醇（分析纯）

9. LB/Amp LB/氨苄青霉素（50μg/ml）：称取蛋白胨（tryptone）10g，酵母提取物（yeast extract）5g，NaCl 10g，溶于 800ml 去离子水中，用 NaOH 调 pH 至 7.2，加去离子水至总体积 1000ml。分装于 150ml 三角烧瓶中，每瓶 50ml，置高压蒸气锅以 1.034×10^5Pa，121℃ 灭菌 20min。冷却后 4℃保存。加入氨苄青霉素至终浓度为 50μg/ml。

【实验仪器】

1. 超净工作台。

2. 微量移液器。

3. 漩涡振荡器。

4. 恒温震荡摇床。

5. 台式高速离心机。

6. 高压灭菌锅。

【注意事项】

1. 实验进行当中，特别是菌落液体培养时应注意无菌操作。剩余菌液、带有菌液的离心管、微量移液器吸头等不能随意乱扔，需 84 消毒水浸泡后高温高压处理。

2. 溶液Ⅱ在温度较低时，可能会产生沉淀，需先用水浴加热溶解，混匀后再使用。溶液Ⅱ易被空气中的 CO_2 酸化，用完后应立即盖紧瓶盖。

【思考题】

1. 质粒 DNA 制备的原理是什么？
2. 质粒提取 DNA 过程中，加入溶液Ⅰ、Ⅱ、Ⅲ的作用是什么？
3. 提取的质粒 DNA 应如何定性？

（包晓红）

实验十七　血清蛋白质的电泳分离

一、血清蛋白质乙酸纤维素薄膜电泳

【实验目的】

1. 掌握乙酸纤维素薄膜电泳的原理及操作技术。

2. 熟悉人血清蛋白质各种组分的相对百分含量及临床意义。

【实验原理】

带电粒子在电场中向着与其电性相反方向移动的现象称为电泳。蛋白质是两性电解质，具有酸式和碱式解离特性，在不同 pH 条件下，其带电情况不同。在 pH 等于其等电点时，蛋白质为兼性离子，其净电荷为零，在电场中不发生泳动；在 pH 小于其等电点的溶液中，呈碱式解离，带正电荷，在电场中向负极泳动；在 pH 大于其等电点的溶液中，呈酸式解离，带负电荷，在电场中向正极泳动。电泳泳动的速度除与电场强度和溶液性质有关外，主要决定于分子的大小与形状以及电荷量多少。电荷较多、分子较小的球状蛋白质泳动较快。

乙酸纤维素薄膜电泳是利用乙酸纤维素薄膜做固体支持物的电泳技术，该电泳技术具有电渗小、分离速度快、样品用量小（可少于 10 微升）、而分辨率高和分离清晰等优点。此外，乙酸纤维素薄膜电泳的操作方法比琼脂电泳、淀粉胶电泳和聚丙烯酰胺凝胶电泳操作更简便，染色后的薄膜用乙醇和冰乙酸溶液浸泡透明，透明后的薄膜便于保存和定量分析。

乙酸纤维素薄膜应用较广泛，可用于一般血清蛋白电泳、血红蛋白电泳、免疫电泳、脂蛋白电泳、同工酶电泳以及甲胎球蛋白电泳等。

该实验以乙酸纤维素薄膜作为支持物，在浸有缓冲液的薄膜的一端加微量血清，膜两端连接于缓冲液。所用缓冲液的 pH 为 8.6，均大于血清中各种蛋白质的等电点。因此，各种蛋白质都带负电荷，在电场中向正极方向泳动，因泳动速度不同而被分离。依次为前清蛋白、清蛋白（A）、α_1 球蛋白、α_2 球蛋白、β 球蛋白和 γ-球蛋白，将蛋白质染色后，可按染色区带位置进行定性观察，也可对各条色带进行定量测定。

【实验操作】

1. 实验准备　电泳槽内放入适量的缓冲液，于两端的液槽间放一充满缓冲液的连通管，经过一定时间使两侧液面达到平衡，取下连通管。在电泳槽两侧的支持板上分别用四层滤纸（或纱布）搭桥，使一端塔到支持板上，另一端浸入缓冲液中。在乙酸纤维薄膜（2cm×8cm）的无光泽面距一端 2cm 处，，用铅笔画一横线作为准备点样的位置，称为点样线或起点线。把膜放进 pH 8.6 的巴比妥缓冲溶液中浸泡数小时使膜完全浸透。

2. 点样　把浸透缓冲液的乙酸纤维素膜取出，夹到滤纸中，吸去多余的缓冲液，使膜的无光泽面向上，把微量样品分别均匀地涂另于盖玻片的一端，把玻片竖直轻贴到膜的点样线上，使样品吸入膜内。注意点样线应成为粗细一致的直线状。

3. 电泳　将膜放进电泳槽内，注意把膜的点样面即无光泽面向下，点样端靠近阴极侧，膜的两端紧贴到内侧支持板上搭桥的滤纸或纱布上，把膜铺平拉直，盖好电泳槽盖。检查电泳槽电极的连接正确无误后通电，调节电流按总膜宽计算，每厘米宽给电流 0.4～0.6mA，通电时间 50～60min。

4. 染色 关闭电源后立即将膜取出，浸没于染色液中染色 5～10min，然后移入漂洗液中漂洗数次，至蛋白条带清晰，本底无色为止，取出薄膜用滤纸吸干。

5. 定量测定 剪下各蛋白区带及一段平均大小的空白区，依次放入试管中，标清管号，向清蛋白管加 0.4mol/L NaOH 10ml，其余各管加 0.4mol/L NaOH 5ml，轻轻振摇，使着色完全洗脱于溶液中，于 620nm 波长比色，记录各管光吸收值。

【实验结果】

计算方法：设测得各种血清蛋白光吸收值分别为 A_A、$A_{\alpha1}$、$A_{\alpha2}$、A_β、A_γ，光吸收值总和为 A_T，则 $A_T = A_A + A_{\alpha1} + A_{\alpha2} + A_\beta + A_\gamma$

清蛋白% = $A_A/A_T \times 100\%$，α_1 球蛋白% = $A_{\alpha1}/A_T \times 100\%$，其余类推，可分别求出血清蛋白各组分所占总蛋白的百分数。

【正常值】

血清蛋白各组分的等电点、分子量及其在正常血清中的百分含量如表 3-10。

表 3-10 血清蛋白的等电点、分子量及其占总蛋白的百分含量

蛋白组分	等电点	分子量（Da）	占总蛋白的百分含量（%）
清蛋白	4.64	69 000	57～72
α_1 球蛋白	5.06	200 000	2～5
α_2 球蛋白	5.06	300 000	4～9
β 球蛋白	5.12	90 000～150 000	6.5～12
γ 球蛋白	6.85～7.3	156 000～950 000	12～20

【临床意义】

肝硬化时清蛋白明显降低，而 γ 球蛋白可增高 2 倍；肾病综合征和慢性肾小球肾炎可见清蛋白降低，α 和 β 球蛋白增高。从电泳谱上亦可查出某些疾病的异常：例如多发性骨髓瘤病人血清，有时在 β 与 γ 球蛋白之间出现巨球蛋白；原发性肝癌病人血清在清蛋白与 α_1 球蛋白之间可见到甲胎蛋白。

【试剂配制】

1. 巴比妥缓冲液（pH 8.6，离子强度 0.06） 巴比妥钠 12.76g，巴比妥 1.66g，置于 200ml 蒸馏水的烧杯中加热溶解，移至 1000ml 的容量瓶中补加蒸馏水至刻度，混匀。

2. 染色液 氨基黑 10B 0.5g，溶于 50ml 甲醇中，再加冰乙酸 10ml 蒸馏水 40ml 混匀配制工作液。

3. 漂洗液 甲醇（或 95%乙醇）45ml，冰乙酸 5ml，蒸馏水 50ml 混匀。

4. 洗脱液 0.4mol/L NaOH 溶液。

5. 透明液 95%乙醇 20ml，冰乙酸 5ml 混匀。

6. 新鲜血清（无溶血）

【实验仪器】

1. 电泳仪。

2. 乙酸纤维素薄膜（2cm×8cm）。

3. 722 型可见分光光度计。

【注意事项】

1. 点样血清滴加不匀或过多会导致电泳图谱不齐或分离效果不良。

2. 乙酸纤维素薄膜要充分浸透后才能点样；点样后电泳箱一定要密闭；电流不宜过大，以防薄膜干燥及电泳图谱出现条痕。

3. 缓冲溶液的离子强度不应小于 0.05 或大于 0.07，过小可使区带拖尾，过大使区带过于紧密。

4. 透明液中冰乙酸含量要适当，含量不足膜发白，含量过高膜被溶解。

5. 电泳槽两边缓冲液应保持液面相平。

6. 通电完毕后，应先断开电源后再取薄膜，以免触电。

【思考题】

1. 乙酸纤维素薄膜电泳后，泳动在最前面的是何种蛋白质？各谱带为何种成分？请分析原因。

2. 电泳时，点样端置于电场的正极还是负极，为什么？

二、聚丙烯酰胺凝胶电泳（圆盘电泳）

【实验目的】

1. 掌握聚丙烯酰胺凝胶电泳分离蛋白质的原理。

2. 熟悉聚丙烯酰胺凝胶圆盘电泳的操作技术和实验方法。

【实验原理】

1. 聚丙烯酰胺凝胶的聚合　聚丙烯酰胺凝胶是由丙烯酰胺（acrylamide，Acr）和交联剂甲叉双丙烯酰胺（*N*，*N′*-methylene-bisacrylamide，Bis）在催化剂的作用下，聚合交联成含有酰胺基侧链的脂肪族大分子化合物。凝胶聚合的催化剂可有两个系统供选择：

（1）过硫酸铵-四甲基乙二胺（TEMED）系统：过硫酸铵作为催化剂。过硫酸铵溶于水时形成的过硫酸自由基能活化丙烯酰胺单体，电子载体 TEMED 是加速剂，能加快硫酸铵释放自由基的速度。

（2）核黄素-TEMED 系统：核黄素在有氧和紫外光存在的条件下，发生光解作用，产生自由基，因此该系统核黄素是引发剂，TEMED 是加速剂。

聚丙烯酰胺凝胶具有三维网状结构，起分子筛作用。用它作电泳支持物，对样品的分离不仅取决于各组分所带电荷的多少，也与分子大小有关。凝胶孔径主要受凝胶的总浓度及交联度的影响。凝胶总浓度用 T%表示，即 100ml 凝胶溶液中含 Acr 和 Bis 总克数。交联度用 C%表示，即 Bis 占 Acr 和 Bis 总克数的百分比。一般 T%越大，孔径越小，但胶越硬且弹性小易脆裂；T%越小，孔径大，但胶较软不易操作。C%过高则胶缺乏弹性易裂且透明度低；C%过低则胶聚合不良。一般电泳采用凝胶 T%为 7.5%，C%为 3%～5%，此浓度称为标准凝胶浓度。如果改变胶总浓度，应相应改变 Acr 和 Bis 的比例。聚丙烯酰胺凝胶的聚合过程见图 3-1。实验中应根据蛋白质分子量大小，选择合适的凝胶总浓度和交联度（表 3-11）。

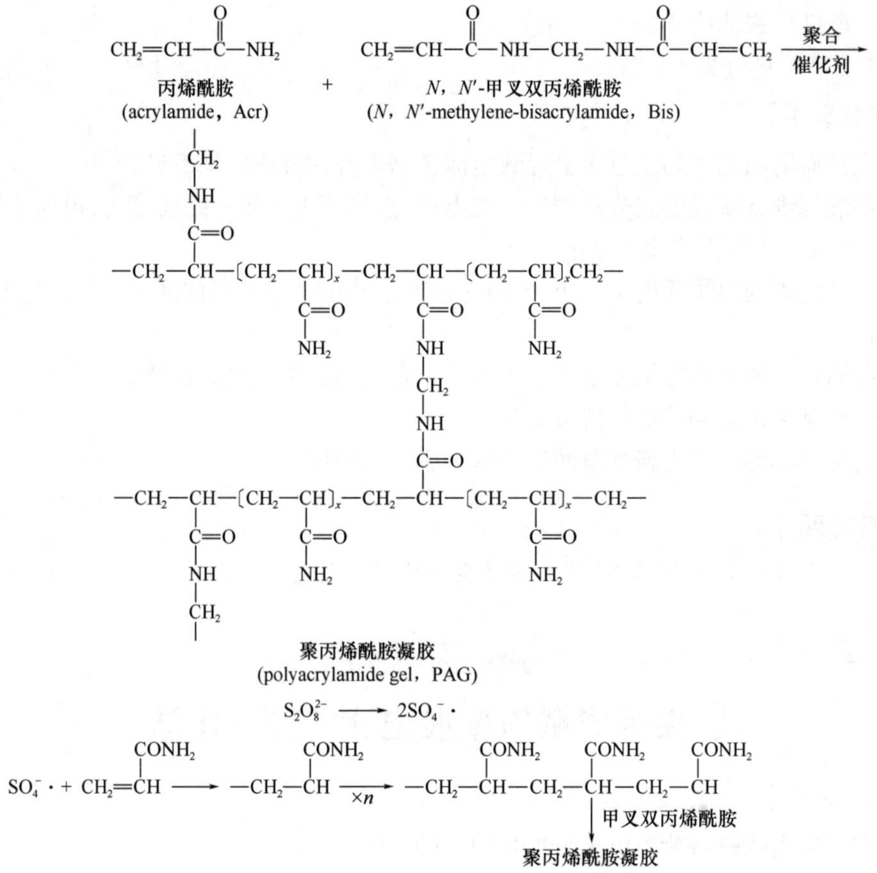

图 3-1　聚丙烯酰胺凝胶聚合过程

表 3-11　蛋白质分子量与凝胶浓度的选择

	分子量范围	凝胶总浓度（T%）
蛋白质	$<10^4$	20～30
	$1\sim4\times10^4$	15～20
	$4\times10\sim1\times10^5$	10～15
	$1\sim5\times10^5$	5～10
	$>5\times10^5$	2～5
核酸	$<10^4$	15～20
	$10\sim10^5$	5～10
	$10\sim2\times10^5$	2～5

聚丙烯酰胺凝胶电泳（polyacrylamide gel electrophoresis，PAGE）根据支持物的装置形式不同可分为：水平板电泳、垂直板电泳、圆盘电泳等（见第一章第二节）。本实验主要介绍圆盘电泳。

2. 不连续聚丙烯酰胺凝胶圆盘电泳的原理　包括三种效应。

（1）浓缩效应：应用两种性质不完全一样的聚丙烯酰胺凝胶分离蛋白质。如图 3-2 所示，上层为样品；中间为浓缩胶，此凝胶浓度为 3%是大孔胶，应用 pH 6.8 Tris-HCl 缓冲液；下层是分离胶，此层凝胶总浓度为 7.5%，是小孔胶，用 pH 8.9 Tris-HCl 缓冲液。上下

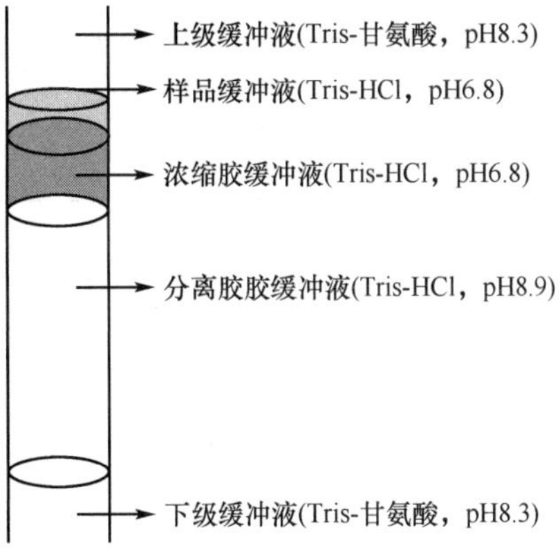

图 3-2　不连续聚丙烯酰胺凝胶圆盘电泳示意图

电极槽缓冲液是 pH 8.3 Tris-甘氨酸缓冲液。通电后，向阳极泳动的阴离子有三种：即 Cl^-、蛋白质阴离子（Pr^-）和甘氨酸阴离子（Gly^-）。在样品缓冲液及浓缩胶 pH6.8 的环境下，HCl 全部电离为 Cl^-，甘氨酸仅极少部分电离为 Gly^-（甘氨酸等电点 pI=6.0），一般酸性蛋白质也解离为阴离子。这样，Cl^-泳动最快（称快离子），Gly^-泳动最慢（称慢离子），蛋白质介于二者之间。通电后，快离子很快超过蛋白质离子和 Gly^-，泳动在最前面。于是，快慢离子之间形成一个离子浓度低的区域，即低电导区域，低电导区域有较高的电压梯度。这种高电压梯度能够驱动慢离子加速泳动。这样，当快慢离子移动速度相等时，就建立一个不断向阳极移动的界面。Pr^-的泳动速度恰好介于快慢离子之间，因而被挤压在快慢离子之间形成一条窄带。这种浓缩作用可使蛋白质浓缩数百倍。

（2）电荷效应：蛋白质样品在界面处被浓缩成一狭窄的高浓度蛋白质区，但由于每种蛋白质分子所带有效电荷不同，因而泳动率也不同，因此各种蛋白质就按泳动率快慢顺序排列成一个一个圆盘区带。在进入分离胶时，电荷效应仍起作用。

（3）分子筛效应：当被浓缩的蛋白质样品从浓缩胶进入分离胶时，由于 pH 和凝胶孔径突然改变，分离胶的 pH 8.9 接近甘氨酸的 pK_a 值（9.7～9.8），甘氨酸的解离度增加，因而它的有效泳动率也增加，超过了所有蛋白质样品的有效泳动率，蛋白质位于由甘氨酸和 Cl^-之间的电势梯度就不存在了。这样，由于各种蛋白质电量不同，在一个均一的电势梯度和 pH 条件下所受电场驱动力不同，由于各种蛋白质其分子量或构型不同，通过一定孔径的分离胶时所受阻滞的程度不同，这时蛋白质的有效迁移率 = 电压×样品静电荷/摩擦力，因此各种蛋白质泳动速率不同，在分离胶中被分开。

血清蛋白在纸上电泳和乙酸纤维素薄膜上电泳仅可分成 5～7 个组分，而在聚丙烯酰胺凝胶电泳上则可以分为 20～30 个组分。

【实验操作】

1. 凝胶柱的制备

（1）取两端已用金刚砂磨平的 10cm×0.6cm 的玻璃管。在距一端 7cm 和 7.5cm 处，各画一条线，下端插入橡皮垫，垂直安放于试管架中。

（2）配制分离胶：在小烧杯中按分离胶配制比例（表 3-12）加入各种试剂，混匀后即成为分离胶溶液，迅速用胶头吸管将分离胶加入玻璃管内，至 7cm 画线处，分离胶柱不能有气泡、裂痕出现。

表 3-12　分离胶和浓缩胶溶液的配制

试剂	分离胶（ml）	浓缩胶（ml）
H_2O	6.195	7.64
30%丙烯酰胺贮存液	2.5	1.0
分离胶缓冲液（pH 8.8）	1.25	—
浓缩胶缓冲液（pH 6.8）	—	1.25

续表

试剂	分离胶（ml）	浓缩胶（ml）
TEMED	0.005	0.01
10%过硫酸铵	0.05	0.10
总体积	10	10
丙烯酰胺浓度（T%）	7.5	3.0

（3）用细尖的胶头吸管沿玻璃管壁加入蒸馏水约 0.5cm，加水时要缓慢，尽量减少凝胶表面的震动与混合，静置 20～30min，见分离胶与水界面清晰，表示分离胶已聚合好。用滤纸条轻轻吸去分离胶表面的水分，注意不能损伤已经聚合的凝胶表面。

（4）配制浓缩胶：在小烧杯中按浓缩胶配制比例（表 3-12）加入各种试剂。用胶头吸管沿凝胶管壁加入浓缩胶溶液至 7.5cm 处，并随即沿管壁缓慢滴入蒸馏水约 0.5cm，静置约 40min 至出现清晰界面，滤纸吸取表面蒸馏水，注意不能损伤已经聚合的凝胶表面。

2. 电泳

（1）选择无气泡和裂缝、聚合均匀的凝胶管垂直安放在上电极槽的橡皮塞孔中（浓缩胶在上），标记各管的编号。

（2）加入电极缓冲液于上、下电泳槽中，使电极缓冲液淹没凝胶管，用胶头吸管排除凝胶管上下口中的气泡。

（3）加样：用微量注射器吸取样品液 30μl，沿凝胶管壁加在浓缩胶面上，注入时要慢，避免样品溢出进入缓冲溶液中。

（4）电泳：将上电泳槽的电极接在电泳仪的负极，下电泳槽的电极接在正极，接通电源，调节电流为 1～2mA /管，待示踪剂进入分离胶时，调节电流为 2～4mA/管，当示踪剂接近玻璃管下口约 0.5cm 时，切断电源。

3. 剥胶 取下凝胶管，用带有 10cm 长局部麻醉针头注射器，盛满蒸馏水做润滑剂。将针头插入胶与管壁之间，边注入水边旋转玻璃管，直至胶柱与管壁分开。然后用吸耳球轻轻在胶管的一端加压，使凝胶从玻璃管中缓慢滑出，进入到已编号的试管内。

4. 染色、脱色、固定和保存 向装有凝胶柱的试管中加入染色液，使凝胶柱全都浸泡在染色液，于 60℃水浴中染色 30min，倾去染色液，加入脱色液没过胶柱，置于 60℃水浴中脱色 40～60min，其间可多次更换脱色液至区带清晰，然后加入保存液并观察结果。

【试剂配制】

1. 30%丙烯酰胺溶液 称取 29.2g 丙烯酰胺，0.8g 甲叉双丙烯酰胺，溶于 60ml 的水中，加热至溶解，再加水定容到 100ml，滤纸过滤，置于棕色瓶中 4℃保存。

2. 1.5mol/L Tris-HCl 分离胶缓冲液 pH 8.8（4×） 取 36.60g Tris，用 1mol/L HCl 约 49 ml 调 pH 至 8.8，加水至 100ml，4℃保存。

3. 5 mol /L Tris-HCl 浓缩胶缓冲液 pH 6.8（4×） 取 5.98g Tris，用 1mol/L HCl 约 48ml，调至 pH 6.8，加水至 100ml，4℃保存。

4. 电极缓冲液（pH 8.3） 取 28.80g 甘氨酸，6.00 g Tris，加 200ml 10%SDS，加水至 1000ml，4℃保存。

5. 10%过硫酸铵溶液（AP） 临用前现配。

6. 染色液（0.25%考马斯亮蓝 R-250、50%甲醇、7%乙酸） 取考马斯亮蓝 R-250 2.5g，

95%乙醇 500ml，70ml 冰乙酸，溶解后定容到 1000ml。

7. 脱色液　甲醇（可用无水乙醇代替）300ml，冰乙酸 70ml，定容至 1000ml。

8. 示踪剂　溴酚蓝 0.025g 溶于 100ml 蒸馏水

9. 样品液　正常人血清 0.1ml，加入用浓缩胶缓冲液配制的 25%的蔗糖 100μl，加 0.025%溴酚蓝 5μl，轻摇混匀。

【实验仪器】

1. 稳流稳压电泳仪。

2. 圆盘电泳槽。

3. 10cm×0.6cm 玻璃管。

4. 50μl 微量注射器。

5. 10cm 长针头注射器。

【注意事项】

1. 丙烯酰胺和甲叉双丙烯酰胺是神经性毒剂，对皮肤有刺激作用，但在形成凝胶后则无毒，操作时应尽量避免接触皮肤，并注意洗手。

2. 电泳完毕后，上下槽电泳缓冲液不能混，防止离子强度、pH 发生改变。

3. 过硫酸铵溶液现用现配，最长不得超过一周。

4. 凝胶聚合的时间与温度有关，室温低于 10℃，聚合时间相对延长。

【思考题】

1. 影响电泳速度的因素有哪些?
2. 电泳时，为什么要把上层电泳槽接在负极上?

（许珂玉）

实验十八　SDS-PAGE 电泳测定蛋白质的相对分子量

【实验目的】

1. 掌握 SDS-PAGE 测定蛋白质分子量的原理。

2. 掌握 SDS-PAGE 测定蛋白质分子量的操作技术与方法。

【实验原理】

聚丙烯酰胺凝胶电泳（PAGE）蛋白质各组分的电泳迁移率不同主要与其所带净电荷以及分子量和形状有关。当电泳体系中含有一定浓度的十二烷基硫酸钠（SDS）时，SDS 能够去除或减小蛋白质之间的电荷差异，此时蛋白质电泳迁移率的大小只取决于蛋白质的分子量，进而可直接由电泳迁移率推算出蛋白质的分子量。这项技术称为 SDS-PAGE。

SDS 是阴离子去污剂，能够与蛋白质结合，当有 SDS 和强还原剂（如 β-巯基乙醇）存在时，可使蛋白质分子内的二硫键被彻底还原，这样就破坏蛋白质分子之间以及与其他物质分子之间的非共价键，使蛋白质变性并改变其原有的空间构象，变成单一亚基。并且当 SDS 的总量为蛋白量的 3～10 倍，且 SDS 单位浓度大于 1mmol/L 时，这两者的结合是定量的，大约每克蛋白质可结合 1.4g SDS。蛋白质分子与一定量的 SDS 阴离子结合后，所带负电荷的量远远超过了它原有电荷量，这就使各种蛋白质-SDS 复合物的电荷密度趋于一致，从而消除了不同种类蛋白质间电荷的差异。同时，由于蛋白质变成了单亚基形式，不同蛋白质的 SDS 复合物形状也相似，为长椭圆棒。因此，在电泳过程中，迁移率仅取决于蛋白质-SDS 复合物的大小，即取决于蛋白质分子量的大小，而与蛋白质原来所带电荷量和分子形状无关。PAGE 种类和缓冲溶液是否相同也分为连续系统和不连续系统两大类。当蛋白质的分子量在 17 000～165 000 之间时，蛋白质-SDS 复合物的电泳迁移率与蛋白质分子量的对数呈线性关系：$\lg M_W=\lg K-bm_R$ 上式中，M_W 为蛋白质的分子量，m_R 为相对迁移率，K 为常数，b 为斜率。将已知分子量的标准蛋白质在 SDS -聚丙烯酰胺凝胶中的电泳迁移率对分子量的对数作图，即可得到一条标准曲线。只要测得未知分子量的蛋白质在相同条件下的电泳迁移率，就能根据标准曲线求得其分子量。

【实验操作】

1. 安装制胶模具　按说明书组装好凝胶模具，对于 Bio-Rad 微型凝胶系统，在上紧夹具之前，必须确保两块凝胶玻璃板和底部的封胶橡胶条紧密接触，避免漏胶。

2. 分离胶的制备　按表 3-13 配制分离胶。将凝胶溶液用吸管沿长玻板壁缓慢加入制胶模具中，避免产生气泡。凝胶液加至约距前玻璃板顶端 1.5cm（距梳子齿约 0.5cm）处，在分离胶溶液上轻轻覆盖约 1cm 高的蒸馏水封胶。约 30min 后，在分离胶与水层之间可见一个清晰的界面，表明凝胶已聚合。倾去蒸馏水并用滤纸吸干。

表 3-13　SDS-PAGE 凝胶的配制

试剂	分离胶	浓缩胶
胶总浓度（T%）	10%	5%
H_2O（ml）	4.0	3.4
30%丙烯酰胺（ml）	3.3	0.83
分离胶缓冲液（pH 8.8）(ml）	2.5	—
浓缩胶缓冲液（pH 6.8）(ml）	—	0.63
10% SDS（ml）	0.1	0.05
10% AP（ml）	0.1	0.05
TEMED（ml）	0.004	0.005
总体积（ml）	10	5

3. 浓缩胶的制备　按表 3-13 配制浓缩胶。将浓缩胶混匀后直接灌注在已聚合的分离胶上，至前玻璃板的上缘，迅速插入点样梳于浓缩胶内至梳齿的底部，与前玻璃板的上缘平齐，待凝胶室温下聚合，约 30min 后小心拔出点样梳。

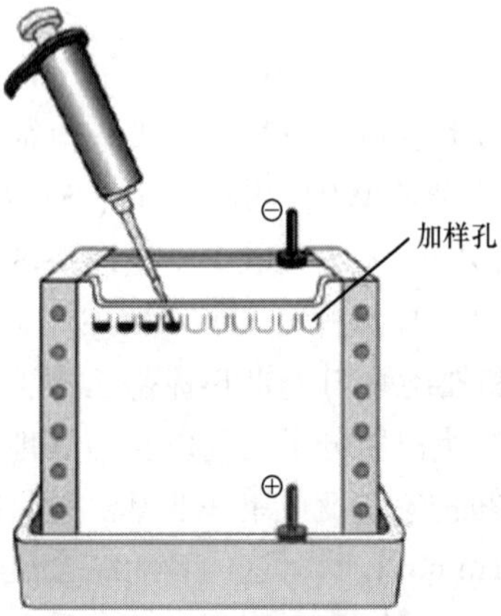

图 3-3　SDS-PAGE 加样示意图

4. 样品预处理　取蛋白质样品与等体积样品缓冲液于 Eppendorf 管混合，100℃加热 3～5min。

5. 将胶板固定于电泳装置上，上下槽各加入电极缓冲液。

6. 加样　用微量进样器加样。每个样品孔加 20 μl 样品（图 3-3）。

7. 电泳　上电泳槽接负极，下电泳槽接正极。80V 稳压电泳至样品进入分离胶，约 1h，再将电压调至 110V，稳压电泳约 1.5 h，直至染料迁移至凝胶的底部，结束电泳，关闭电源。

电泳结束后，小心撬开玻璃板，凝胶便贴在其中一块板上，切去浓缩胶及分离胶某一角作标记，取出凝胶。迅速用尺子测量染色前凝胶长度及指示染料移动距离，并记录（表 3-14）。

8. 染色 放入染色液中，60℃水浴 30min。

9. 脱色 将凝胶放入脱色液中，置摇床上缓慢震荡脱色，其间更换脱色液 3～4 次，至本底无色为止。

10. 测量脱色后凝胶长度和各蛋白质移动距离，并记录（表 3-14）。

11. 脱色后可将凝胶中的蛋白质分离区带照相或凝胶干燥保存，也可无限期地用塑料袋封闭在含 20%甘油的水中保存。

【实验结果】

1. 原始记录 表 3-14。

表 3-14 SDS-PAGE 原始记录及各蛋白质分子迁移率

低分子量蛋白质 Marker（M_W）	lg M_W	蛋白质移动距离（cm）	相对迁移率
兔磷酸化酶 B（97 400）			
牛血清白蛋白（66 200）			
兔肌动蛋白（43 000）			
牛碳酸酐酶（30 000）			
胰蛋白酶抑制剂（20 100）			
鸡蛋清溶菌酶（14 000）			
样品蛋白			
染色前凝胶长度（cm）	脱色后凝胶长度（cm）	指示染料移动距离（cm）	

2. 相对迁移率的计算 一般低分子量标准蛋白质 Marker 说明书给出的相对迁移率计算公式是：

相对迁移率（m_R）=蛋白质迁移距离（cm）/ 指示染料迁移距离（cm）
×染色前凝胶长度（cm）/ 脱色后凝胶长度（cm）

但在实际应用中，当脱色后凝胶长度与染色前凝胶长度基本没有变化或变化很微时，人们常把蛋白质相对迁移率计算公式简化为：

相对迁移率（m_R）= 蛋白质迁移距离（cm）/ 指示染料迁移距离（cm）

以标准蛋白质的相对迁移率为横坐标，以标准蛋白质的分子量对数为纵坐标作图可得到标准曲线。根据待测样品的相对迁移率，从标准曲线上查出其相对分子质量。

【试剂配制】

1. 低分子量蛋白质 Marker 含 6 种已知蛋白质，包括兔磷酸化酶 B（97 400）、牛血清白蛋白（66 200）、兔肌动蛋白（43 000）、牛碳酸酐酶（30 000）、胰蛋白酶抑制剂（20 100）和鸡蛋清溶菌酶（14 000）。

将 Marker 溶于 200μl 双蒸水中，分装于 20 个小管中（10μl/管），再分别加入 10μl 样品缓冲液（2×），于沸水中加热 5min 后，–20℃保存。使用前再沸水浴 3min 可上样。

2. 30%丙烯酰胺溶液 称取 29.2g 丙烯酰胺，0.8g 甲叉双丙烯酰胺，溶于 60ml 的水中，加热至溶解，再加水定容到100ml，滤纸过滤，置于棕色瓶中4℃保存。

3. 1.5mol /L Tris-HCl 分离胶缓冲液 pH 8.8（4×）　取18.15g Tris，用1mol/L HCl调pH至8.8，加10%SDS 4ml，双蒸水定容至100mL，4℃保存。

4. 0.5mol /L Tris-HCl 浓缩胶缓冲液 pH 6.8（4×）　取6.06g Tris，用10mol/L HCl调至pH 6.8，加10%SDS 4ml，双蒸水定容至100ml，4℃保存。

5. Tris-甘氨酸电极缓冲液 pH 8.3（5×）　取94g甘氨酸，15.1g Tris，加5.0g SDS，加蒸馏水800ml，搅拌溶解，加蒸馏水定容至1000ml，4℃保存，用时稀释5倍。

6. 10% SDS　取10g SDS，加水溶解后再加水定容到100ml。临用前配制。

7. 10%过硫酸铵溶液（AP）　称取0.1g过硫酸铵，加入1ml双蒸水溶解。临用前现配制。

8. 染色液（考马斯亮蓝R-250）　取考马斯亮蓝R-250 1g、甲醇（可用无水乙醇代替）200ml、冰乙酸50ml，混合后双蒸水定容至500ml。

9. 脱色液（30%甲醇、7%乙酸）　取甲醇（可用无水乙醇代替）400ml，冰乙酸100ml，加水定容至1000ml。

10. 样品缓冲液（5×）　1mol/L Tris-HCL（pH6.8）1.25ml，50%甘油2.5ml，10% SDS 0.5g，5% β-巯基乙醇2ml，0.5% 溴酚蓝25mg，加蒸馏水定容至5ml，500μl/份分装，使用前每份加25μl β-巯基乙醇，可在4℃存放数周，或在−20℃保存数月。

11. 10%TEMED（四甲基乙二胺）

【实验仪器】

1. 稳流稳压电泳仪。

2. 垂直板电泳槽。

3. 摇床。

4. 恒温水浴箱。

5. 刻度尺。

6. 小烧杯。

7. 尖端胶头吸管。

【注意事项】

1. SDS-PAGE中的样品要求做预处理，加热使蛋白质充分变性。

2. SDS的纯度要求。在SDS-PAGE中，需要高纯度的SDS。

3. SDS与蛋白质的结合量。当SDS单体浓度在1mmol/L时，1g蛋白质可与1.4g SDS结合才能生成SDS-蛋白质复合物。样品溶解液中，SDS的浓度至少比蛋白质的量高3倍，低于这个比例，可能影响样品的迁移率，因此，SDS用量约为样品的10倍以上。此外，样品溶解液应采用低离子强度，最高不超过0.26，以保证样品溶解液中有较多的SDS单体。在处理蛋白质样品时，每次都应在沸水浴中保温3～5min，以免有亚稳聚合物存在。

4. 避免电泳条带弯曲变型。①出现“微笑”现象，可能是因为凝胶中间部分温度过高，降低电压便可得到改善。②出现“下弯”现象，可能是因为凝胶聚合不均匀或两玻璃板间凝胶底部有气泡。③出现“拖尾”现象，多为样品溶解不佳，增加蛋白样品的溶解度并离心除去不溶性颗粒。④出现“晕轮”现象，多为加样过量所致。

【思考题】

1. 蛋白分子量的测定，除本实验采用的方法外，还有什么其他方法？

2. 为什么蛋白样品电泳前要高温加热？

（许珂玉）

实验十九　蛋白质印迹

【实验目的】

1. 掌握蛋白质免疫印迹分析的原理。

2. 熟悉蛋白质印迹分析的操作技术。

【实验原理】

蛋白质印迹免疫分析的过程包括蛋白质经 SDS-PAGE 电泳分离后，在电场作用下将凝胶上的目的蛋白质条带转移至硝酸纤维素膜（NC）、尼龙膜或 PVDF（聚偏氟乙烯）膜上，经封闭后再用抗目的蛋白质的抗体（简称一抗）作为探针与之结合；经洗涤后，再将滤膜与带有放射性标记辣根过氧化物酶或碱性磷酸酶偶联的抗免疫球蛋白抗体（简称二抗）结合；进一步洗涤后，通过放射自显影或原位酶反应来确定抗原-抗体-二抗复合物在滤膜上的位置和丰度。

【实验操作】

1. 样品的 SDS-PAGE（参见第三章实验十八）。电泳结束后取出凝胶，切去上层浓缩胶部分，量取剩余凝胶的长度与宽度。

2. 转移印迹

（1）PVDF 膜及滤纸预处理：分别将 6 层滤纸和 PVDF 膜剪成与胶同样大小，将 PVDF 膜浸入甲醇溶液中 10 秒（激活 PVDF 膜），去离子水处理 5min，转移缓冲溶液（1×）处理 10min。滤纸浸泡于上述缓冲溶液中待用。

（2）凝胶平衡：将电泳后的 SDS-PAGE 胶板置于转移缓冲液平衡 30～60min。

（3）转膜：将样品胶与膜按一定顺序装入标有正负极的电转移塑料夹板中，从正极依次是海绵垫片→3 层滤纸→PVDF 膜→样品胶→3 层滤纸→海绵垫片，按图 3-4 操作，逐层铺平，各层之间勿留有气泡和皱折，扣紧转膜夹，放入含有转膜缓冲液的转膜电泳槽中开始转移。盖好盖子，正确连接正负极，接通电源，恒压 100V 转膜约 2～3h。小心取出转移膜，用铅笔描出蛋白 Marker 条带，以 TTBS 缓冲液漂洗 2 次，将凝胶浸入考马斯亮蓝中，检查蛋白转移是否完全。

3. 免疫染色

（1）封闭：转移后的 PVDF 膜置于 5%脱脂奶粉中，室温于摇床上缓慢摇动 1h，或 4℃过夜。

（2）一抗免疫反应：将封闭的 PVDF 膜放入可热封的塑料袋中，一抗用 1×TBS 液稀释 200 倍，按膜面积 0.1ml/cm^2 加入一抗，密闭袋口，平放于摇床上室温孵育 1h，或 4℃过夜。

（3）洗膜：将 PVDF 膜放入平皿中，TTBS 洗膜 3 次，每次 10min，洗净未结合的一抗。

（4）二抗免疫反应：将 PVDF 膜放入可热封的塑料袋中，加用 1×TBS 稀释 2000 倍 HRP 标记的一抗抗体（二抗），密闭袋口，平放于摇床上室温孵育 1h。

（5）洗膜：方法同步骤（3）。

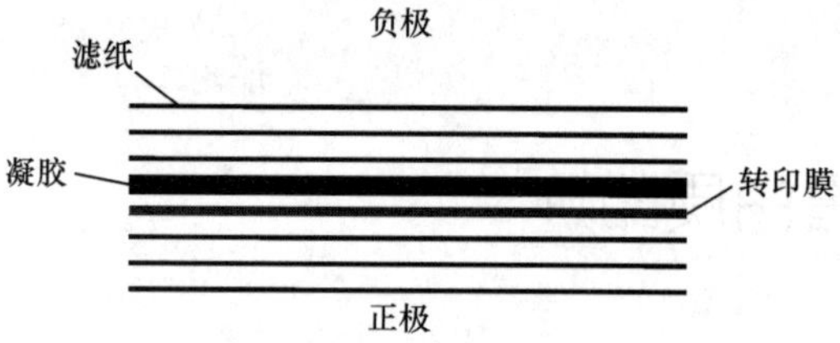

图 3-4　Western blot 转膜示意图

（6）曝光洗片：将 PVDF 膜进行 ECL 显色，ECL 试剂盒中含有过氧化物酶和 Luminol 增强剂两种液体（简称 A 液和 B 液），在二抗标记的辣根过氧化物酶催化下，二者反应发出强可见光，可见光信号可用压片法在 X 胶片上显影。均匀铺平 PVDF 膜，将 ECL 试剂盒两种液体 1∶1 混合滴在 PVDF 膜上，暗室内将膜用保鲜膜包裹，赶出气泡封口，将 X 片压于包裹的膜上，曝光盒中曝光。将 X 片取出放入显影液 5～10min，再放进定影液中 10min 左右，清水冲洗，晾干观察结果。

【试剂配制】

1. IgG 标准品

2. 羊抗人辣根过氧化物酶（HRP）标记的 IgG 抗体

3. 转移 buffer　取 Tris 3.03g，甘氨酸 14.4g，甲醇 200ml，充分溶解，加双蒸水至 1000ml，4℃冰箱贮存。

4. Tris 缓冲液（TBS）　取 Tris 2.42g，NaCl 29.2g，溶于 600ml 双蒸水，再用 1mol/L HCl 调至 pH 7.5，然后补加双蒸水至 1000ml。

5. 漂洗液（TTBS）　TBS 液 500ml，加 Tween20 250μl。

6. 封闭液　5%脱脂奶粉。或称取 2.5g BSA，溶于 50ml 的 TTBS 中。

7. ECL 液　试剂盒。

8. 脱色液　甲醇 500ml，冰乙酸 100ml，加蒸馏水至 1000ml。

9. 考马斯亮蓝染色液　取考马斯亮蓝 R-250 0.25g，乙酸 10ml，甲醇 50ml，蒸馏水 20ml，充分溶解，过滤。

【实验仪器】

1. 稳流稳压电泳仪。

2. 垂直板电泳槽。

3. 转移电泳槽。

4. PVDF 膜。

5. 摇床。

6. Sears-A-Medal 塑料袋。

7. 封口机。

【注意事项】

1. 凝胶贮液不宜存放过久。

2. 凝胶制备过程中，在向分离胶表面加入蒸馏水覆盖液时，应沿玻璃壁缓慢流下，切忌成滴坠入，以免破坏分离胶液面及造成顶部凝胶浓度降低，影响样品的迁移与分离。

3. 在装配“凝胶三明治”时，PVDF 膜一经与凝胶接触，就不能再行移动。

4. 长时间电转移时，电泳槽需设有散热装置或在冰箱内进行。

【思考题】

1. 蛋白质印迹免疫的基本原理是什么？
2. 实验中电转移后对 PVDF 膜封闭的作用是什么？

（许珂玉）

第四章 研究性实验

实验二十 凝胶过滤层析法分离纯化脲酶

【实验目的】

1. 掌握凝胶过滤层析法分离纯化脲酶的原理。

2. 熟悉凝胶过滤层析技术的基本操作。

【实验原理】

脲酶分子量较大，达 490 000 Da。当脲酶粗制品通过交联葡聚糖 Sephadex G-200 层析柱时，此酶本身不能进入凝胶颗粒的网络内，而其他小分子物质及分子量较小的蛋白质可扩散进入凝胶颗粒。因此，用蒸馏水作为洗脱剂，分子量大的脲酶首先被洗脱下来，从而达到与其他物质分离的目的（图 4-1）。

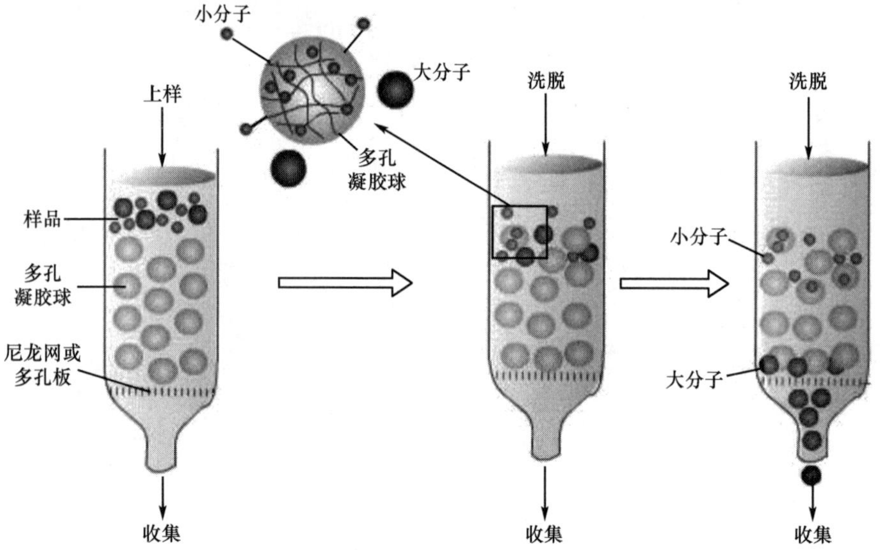

图 4-1 凝胶过滤分离纯化蛋白质原理示意图

定时或定量收集洗脱液，分别在紫外分光光度计 280nm 波长测定其光吸收值，以 A_{280} 为纵坐标，收集管号为横坐标，绘出脲酶粗制品蛋白质分离的洗脱曲线；再分别测定洗脱峰内各管的脲酶活性，以酶活性为纵坐标，以管号为横坐标，绘出酶活性曲线。酶活性与蛋白质洗脱曲线中峰值重叠的部位即为分离所得到的脲酶所在部位。

脲酶活性测定系根据脲酶催化尿素水解释放氨和 CO_2 的作用。在反应中产生黄色化合物，颜色的深浅与脲酶催化尿素释出的氨量成正比，黄色化合物颜色越深，说明释出的氨越多，即脲酶的活性越大。

【实验操作】

1. 凝胶的准备 称取交联葡聚糖 Sephadex G-200 1g，置于三角烧瓶中，加水 60ml，于沸水浴中加热 5h，此为加热溶胀，如在室温溶胀需放置 48～72h，取出后冷却至室温装柱。

2. 装柱　取 25cm×1.5cm 玻璃层析柱，垂直固定于铁架上。柱中先加入少量水，打开出口，排出气泡，并使柱内保留约 1cm 高水，关闭出口。自顶部缓慢加入处理好的 Sephadex G-200 悬液，待底部凝胶沉积到 1～2 cm 时，打开出口，使液体缓慢流出，继续加入凝胶悬液，使凝胶上升至离层析玻璃管顶端 3cm 左右，关闭出口。在加入凝胶时速度应均匀，并使凝胶均匀下沉，以免层析床分层，同时防止柱内产生气泡。如层析床表面不平整，可在凝胶表面用玻璃棒轻轻搅动，再让凝胶自然沉降，使床面平整。根据凝胶床所能承受的最大水压，调整出口位置，把 Sephadex G-200 的凝胶层析床承受的水压控制在 10cm 水柱高度，作为操作压，否则易使凝胶变形而影响流速及层析特征。

3. 平衡层析柱　柱装好后，关闭出口，稳定 5～10min，再打开出口，用 2 倍于柱床体积的洗脱液平衡，使层析床表面平整，凝胶高度稳定。

4. 样品的制备　称取 2 g 大豆粉置于三角瓶中，加入 32%丙酮 6ml，振摇 10min，进行提取，然后倒入离心管中，用 32%丙酮 2 ml 洗小三角烧瓶一次，洗液也倒入离心管中，离心（3000rpm，5min）。将上清液倒入刻度离心管中量取体积，加入等体积的冷丙酮，使蛋白质沉淀，进一步离心（3000rpm，5min），弃去上清液。待沉淀中的丙酮蒸发后，加蒸馏水 2.5ml，使沉淀溶解。如有沉淀，再离心（2000rpm，5min），取上清液，为脲酶粗提取液，供凝胶过滤进一步分离纯化。

5. 加样　加样时先将层析柱出口打开，使层析柱床面上的蒸馏水缓慢下流，达到床面将近露出为止（注意：不可使床面干掉，以免气泡进入凝胶），关闭出口。吸取 0.5ml 脲酶粗提取液，缓慢地沿着层析柱内壁小心加于床表面，尽量不使床面扰动，然后打开出口，使样品进入床内，达到床面重新将近露出为止，再小心加入 1 ml 蒸馏水。这样可使样品稀释最小而又能完全进入床内。当此蒸馏水将近流干时，再加入蒸馏水使其充满层析床上面的空间，接上贮液瓶，进行洗脱，洗脱时必须保持床面的平整（有时可在床面上的液体表面加一塑料薄板，以保护床面的平整。）

6. 洗脱与收集　流速是影响样品分离效果的重要因素之一。流速慢分离效果好，但太慢峰形过宽，反而影响分离效果，因此把流速控制在 3ml/15min 较好。流出的液体分别收集在刻度离心管中，收集量为 3ml/管，共约收集 12 管。

7. 检测与制图

（1）蛋白质含量检测：用紫外分光光度计分别测定各收集管中洗脱液 A_{280}，并以 A_{280} 为纵坐标，试管编号为横坐标，绘制出蛋白质洗脱曲线。同时计算每管蛋白质含量（方法见第三章实验十《蛋白质含量的测定——紫外分光测定法》）

（2）脲酶活性的检测：先将脲酶粗提取液 0.1ml 用蒸馏水稀释 40 倍得上样稀释液，然后取试管若干，编号，按表 4-1 操作，制备酶促反应液。

表 4-1　脲酶活性检测的酶促反应液制备操作表

试剂	空白	待检测各管	上样稀释液
3%尿素（ml）	0.5	0.5	0.5
0.1mol/L 磷酸缓冲液（ml）	1.0	1.0	1.0
洗脱收集的酶液（ml）	—	0.5	0.5
蒸馏水（ml）	0.5	—	—

37℃保温 15min，保温结束，各管中立即加入 1mol/L HCl 0.5ml 以终止反应，试管中液体称为酶促反应液，总量为 2.5ml。另取相同支数试管，同上编号，按表 4-2 操作，进行显色。

表 4-2　脲酶活性检测的显色反应操作表

试剂	空白	待检测各管	上样稀释液
酶促反应液（ml）	0.1	0.1	0.1
蒸馏水（ml）	2.9	2.9	2.9
3%阿拉伯胶（滴）	2	2	2
充分混匀			
Nessler 试剂（ml）	0.75	0.75	0.75

立即混匀，在 722 型可见分光光度计 480nm 波长比色，空白管调零，测定各管光吸收值。

（3）硫酸铵标准曲线的绘制：按表 4-3 操作

表 4-3　硫酸铵标准曲线

试剂	1	2	3	4	5	6	7
0.01mol/L $(NH_4)_2SO_4$（ml）	0.1	0.2	0.3	0.4	0.5	0.6	—
含 NH_3 的微摩尔数	0.2	0.4	0.6	0.8	1.0	1.2	—
双蒸水（ml）	2.9	2.8	2.7	2.6	2.5	2.4	3.0
3%阿拉伯胶（滴）	2	2	2	2	2	2	2
混匀							
Nessler 试剂（ml）	0.75	0.75	0.75	0.75	0.75	0.75	0.75

加 Nessler 试剂后，立即混匀。在 722 分光光度计 480 nm 波长比色，7 号管调零，测定各管光吸收值。以 A_{480} 为纵坐标，所含 NH_3 的微摩尔数为横坐标，绘制硫酸铵标准曲线。

【实验结果】

1. 原始数据记录

（1）脲酶活性测定各管的光吸收值：

管号	1	2	3	4	5	6	……
A_{480}							

（2）硫酸铵标准曲线绘制各管光吸收值：

管号	1	2	3	4	5	6
A_{480}						

2. 计算　根据脲酶活性测定各管 480nm 波长的光吸收值从硫酸铵标准曲线查得氨的微摩尔数，然后计算各管中每毫升洗脱液每小时保温所能产生氨的微摩尔数作为酶活性单位数，以及每管洗脱液中酶活性单位数。

（1）每毫升洗脱液的酶活性（NH_3 μmol/ml 洗脱液/每小时保温）= 查得标准曲线 NH_3 的含量（μmol）×2.5（酶促反应液总量）/0.1（取酶促反应液 0.1ml）×1/0.5（取洗脱酶液 0.5ml）×60/15（保温 15min）

（2）每管洗脱液的酶活性=每毫升洗脱液的酶活性×3（每管收集 3ml）

（3）各管脲酶比活性=每毫升洗脱液的酶活性/每毫升洗脱液的蛋白质含量

（4）酶纯化倍数=酶活性最高一管的比活性/脲酶粗提液的比活性

3. 作图

（1）硫酸铵标准曲线：以各标准管 A_{480} 值为纵坐标，各管所含 NH_3 的微摩尔数为横坐标，绘制硫酸铵标准曲线。

（2）酶的洗脱曲线：以洗脱液各管的酶活性为纵坐标，以试管编号为横坐标，绘制酶的洗脱曲线。

【试剂配制】

1. 3%尿素溶液 称取 3g 尿素加水溶解，并定容至 100ml。

2. 0.1mol/L 磷酸缓冲液（pH 6.8） 称取 11.18g $K_2HPO_4 \cdot 3H_2O$ 和 6.94 g KH_2PO_4 加水溶解，并定容至 100 ml。

3. 1mol/L HCl 将 12 mol/L HCl 用蒸馏水稀释成 12 倍即成。

4. Nessler 试剂 于 500ml 锥形瓶中加入 150g KI 和 100g I_2，加水 100ml 及金属汞 140～150 g。剧烈振摇瓶中内容物，使其反应，约 7～15min 至碘的颜色消失。以流水冷却锥形瓶，继续振摇，直至溶液呈黄绿色，把溶液倾出倒入大烧杯中，并添加蒸馏水至 2L 体积，放置备用。此即为配制 Nessler 试剂之母液。于 5L 试剂瓶中，加入 10% NaOH 溶液 3500ml 及 750ml 上述准备的母液，750ml 蒸馏水，混匀。即为 Nessler 试剂应用液，放置数月待沉淀下沉后，取出上清液供实验使用。Nessler 试剂中的碱浓度很重要，碱浓度不准会在使用时发生混浊或沉淀，因此应经过滴定。可用 20ml 标准 HCl 与 Nessler 试剂滴定，最佳终点（以酚酞作指示剂）应消耗 Nessler 试剂 11～11.5ml，如碱太多，可用 6mol/L HCl 滴定。

5. 32%丙酮溶液 32ml 丙酮加蒸馏水至 100ml。

6. 3%阿拉伯胶 称取 3g 阿拉伯胶，先加 50ml 蒸馏水，加热溶解，再加蒸馏水至 100ml。

7. 0.01mol/L 硫酸铵标准溶液的配制 取分析纯 $(NH_4)_2SO_4$ 置 10℃烘箱烘 3h，取出后置干燥器内冷却，精确称取干燥的 $(NH_4)_2SO_4$ 132mg，置于 100ml 容量瓶中，加蒸馏水使其溶解，再以蒸馏水稀释至刻度，即为 0.01mol/L 标准硫酸铵溶液（储存液）。

8. 0.001mol/L 硫酸铵标准溶液的配制 取 0.01mol/L 硫酸铵标准液 10 ml 至 100 ml 容量瓶中，用水稀释至刻度，即为 0.001mol/L 硫酸铵标准应用液。

【实验仪器】

1. 离心机。

2. 恒温水浴箱。

3. 722 型可见分光光度计。

4. 紫外分光光度计。

【注意事项】

1. 装柱时防止有气泡，避免分层。

2. 加样和洗脱过程中床面不要干，控制好流速。

3. 实验过程中始终保持床面平整。

【思考题】

1. 凝胶过滤层析有哪些优点？

2. 为什么用丙酮提取的脲酶粗提取液比活性低？如何提高脲酶的比活性？

（朱艳凌）

实验二十一　离子交换层析法分离血清蛋白质

【实验目的】

1. 掌握离子交换层析分离纯化血清蛋白质的原理。

2. 熟悉离子交换层析分离纯化血清蛋白质的操作技术。

【实验原理】

DEAE 纤维素是阴离子交换剂，在 pH8.0 的溶液中，血清蛋白质皆解离为阴离子，可交换结合到 DEAE 纤维素离子交换层析柱上；然后用梯度洗脱法，即逐步改变洗脱液的 pH 与离子强度，使 DEAE 纤维素与蛋白质的亲和力降低，可使不同蛋白质按其亲和力从小到达的顺序先后被洗脱下来，从而达到分离提纯的目的。

【实验步骤】

1. DEAE 纤维素-22　2.5g 倾洒在盛有 40ml 0.5mol/L HCl 的烧杯中。用玻璃棒轻轻搅拌使纤维素粉下沉，浸泡 30min。加蒸馏水 60ml，用玻璃棒搅拌，静置 10min。轻弃上层液体。重复加水搅拌，静置弃上清，重复上述步骤 1～2 次。使上层液体没有细的混悬物，然后倾入有 100 目尼龙滤布的漏斗中。用蒸馏水充分洗涤，直到流出液 pH≥4（用 pH 试纸检查）。将纤维素放到 250ml 的烧杯中，加 0.5mol/L NaOH 40ml 浸泡 30min 后，倾弃上清。加蒸馏水 100ml 搅拌，然后倾入有 100 目尼龙滤布的漏斗中。用蒸馏水充分洗涤，直到流出液 pH≤8，滤去水分。将上述纤维素放到 250ml 的烧杯中，加入 0.01mol/L Na_2HPO_4 100ml 浸泡并搅拌，静止 10min，轻弃上层液体。再加入 0.01mol/L Na_2HPO_4 100ml 浸泡并搅拌。必要时重复操作到溶液 pH 为 8.0。

2. 装柱　将 20cm×1cm 玻璃层析柱垂直固定于铁支架上。柱中加少量 0.01mol/L Na_2HPO_4 液，打开出口，排出气泡。待柱中液体只剩约 1cm 高时关闭出口。将处理好的 DEAE 纤维素混悬液加入层析柱内，打开出口，使液体缓慢流出。继续将 DEAE 纤维素悬液均匀加到柱内，注意不要带入气泡并保持表面平整。层析床上升至离层析玻璃管顶端 3cm 左右，且液面接近纤维素层析床面时关闭出口。

3. 柱平衡　层析柱装好后，用 0.01mol/L Na_2HPO_4 液反复加在柱床上面，平衡 10～20min，使流出液的 pH 接近缓冲液 pH。注意保持柱床表面有液体，防止柱床干裂与气泡进入。

4. 安装梯度混合器　把梯度混合器两筒间及出口胶管处螺旋夹都拧紧。向有出口的一侧筒内加入 0.01mol/L Na_2HPO_4 40ml，另侧加 0.5mol/L NaH_2PO_4 40ml。把此梯度发生器放到磁力搅拌器上，搅拌子放在出口侧的盛液筒中。此磁力搅拌器放在比层析柱高约 30～50cm 处。使梯度发生器出口细胶管内充满液体。排出气泡拧紧该螺旋夹，将细胶管下端连到层析柱上端胶塞上的连接管上。

5. 加样　打开层析柱的上口，打开出口，待液面恰好到床顶表面时关闭出口。吸取血清 0.2 ml 缓慢加到柱床表面，注意不要搅动床面，打开出口，让液体缓慢流出，流速 5～10 滴/min。到全部血清恰好流入纤维素界面时，立即小心地加入 0.01 mol/L Na_2HPO_4 液 0.5 ml。到液面接近纤维素界面时，关闭出口，并把胶管连接到收集管上。

6. 洗脱　拧松梯度混合器两盛液筒间的螺旋夹，开动磁力搅拌器，（搅拌速度不宜过快，以免空气卷入液内）。将其出口与层析管连接好。打开层析柱出口，控制流速约 15 滴/min，收集洗脱液，3ml/管。

7. 检测　用紫外分光光度计测定各管的 A_{280}，以 0.01 mol/L Na_2HPO_4 液作空白管调零。以 A_{280} 为纵坐标，试管编号为横坐标，绘制血清蛋白层析图谱，观察并判断结果。

【试剂配制】

1. DEAE 纤维素-22

2. 0.5 mol/L HCl　取 43ml HCl 加蒸馏水定容到 1000ml。

3. 0.5 mol/L NaOH　取 20g NaOH 加水溶解并定容到 1000ml。

4. 0.01 mol/L Na_2HPO_4　取 Na_2HPO_4 17.929g 加水溶解并定容到 1000ml。

5. 0.5 mol/L NaH_2PO_4　取 NaH_2PO_4 7.808g 加水溶解并定容到 1000ml。

【实验仪器】

1. 722 型可见分光光度计。

2. 梯度发生器。

3. 磁力搅拌器。

4. 紫外分光光度计。

【注意事项】

1. 充分平衡 DEAE 纤维素，直到溶液 pH 为 8.0。

2. 控制好梯度洗脱的强度和速度。

【思考题】

1. 离子交换层析应用了蛋白质的哪些理化性质?
2. 采用离子强度梯度洗脱有何意义?

（朱艳凌）

实验二十二　RT-PCR 技术

一、总 RNA 的提取

【实验目的】

学习和掌握组织或细胞中总 RNA 的提取方法。

【实验原理】

Trizol 试剂中含有胍类强变性剂，可裂解细胞，抑制 RNA 酶活性。加入氯仿后在酸性条件下 RNA 位于水相，DNA 位于有机相，蛋白质位于二者之间。异丙醇沉淀，75%乙醇洗后可得所需的 RNA。

【实验操作】

1. RNA 提取

（1）称取 0.2g 新鲜肝组织或细胞（5×10^6～1×10^7），加 1ml Trizol 裂解均匀，4℃孵育 5min。

（2）加 0.2ml 氯仿，盖紧盖后用力振摇 15 秒，然后在冰上放置 5min。

（3）4℃，12 000*g*，离心 15min。

（4）将上层水相移入另一管，加 0.5 ml 异丙醇，并在冰上孵育 10min。

（5）4℃，12 000*g*，离心 10min。

（6）弃上清，在沉淀（含 RNA）中加 1ml 75% 乙醇洗涤，旋涡混匀。

（7）4℃，10 000*g*，离心 5min，得到 RNA 沉淀。

（8）空气干燥后，用适量 TE 或无 RNase 水溶解备用。

2. RNA 含量和纯度测定

（1）紫外分光光度法进行定性和定量：分别测定所提取 RNA 样品的 A_{260} 和 A_{280}，分析其含量和纯度。

（2）琼脂糖凝胶电泳分析其纯度和完整性。

【实验结果】

1. RNA 浓度= $A_{260}\times40\times n/1000$（μg/μl）（$n$ 为稀释倍数 ）

2. 提取 RNA 的理想效果是 $A_{260}/A_{280} = 1.8$～2.0。若比值降低，说明有蛋白质残留；若比值较高，提示 RNA 有降解，实验中可能有 RNase 污染。

【试剂配制】

1. Trizol 试剂

2. 氯仿

3. 异丙醇

4. 75%乙醇（DEPC 水配制）

5. 0.1% DEPC 处理水

【实验仪器】

1. 低温离心机。

2. 紫外分光光度计。

【注意事项】

1. 整个操作要戴口罩和一次性手套，并尽可能在低温下进行。

2. 所用材料、器皿（枪头、EP 管、匀浆管等）均需经过 0.1 % DEPC 处理，高压灭菌。

3. 用 Trizol 试剂提取 RNA 时，尽可能在超净台进行，防止呼吸道吸入。

4. DEPC 有致癌可能，尽量避免接触皮肤和衣物。

【思考题】

1. 提取 RNA 时如何抑制 RNA 酶的活性？
2. 如何计算 RNA 的浓度和纯度？

二、RT-PCR

【实验目的】

1. 掌握 RT-PCR 基本原理与操作技术。

2. 了解 RT-PCR 技术的应用。

【实验原理】

RT-PCR 是将 RNA 的反转录（RT）反应和 cDNA 的 PCR 反应联合应用的一种技术。在反转录酶的作用下，以 RNA 为模板合成 cDNA，再以 cDNA 为模板，在 Taq DNA 聚合酶的作用下通过 PCR 反应扩增合成目的片段。作为模板的 RNA 可以是总 RNA、mRNA 或体外转录的 RNA 产物。用于反转录的引物可根据具体实验选择随机引物、Oligo dT 或基因特异性引物。

RT-PCR 技术灵敏且用途广泛，可用于检测细胞中基因表达水平，细胞中 RNA 病毒的含量和直接克隆特定基因的 cDNA 序列。本实验以管家基因 β-actin 为例介绍 RT-PCR 的具体过程。

【实验操作】

1. 反转录 使用前每个试剂组分轻轻混匀，然后 2000rpm 离心 20 秒。取灭菌且无 RNase 的 0.2ml PCR 管，按表 4-4 加入试剂，轻轻混匀，2000rpm 离心 20 秒。RT 反应条件为：42℃反应 30 min，99℃反应 5 min，5℃反应 5 min。反应产物即为 cDNA，共 10 μl。cDNA 可立即进行下一步的 PCR 反应或−20℃保存。

表 4-4 反转录操作表

试剂	体积（μl）
$MgCl_2$	2.0
10×RT buffer	1.0
RNase Free dH_2O	3.75
dNTP	1.0
RNase inhibitor	0.25
AMV	0.5
Oligo dT-Adaptor	0.5
总 RNA	1.0
总体积	10

2. PCR 反应 使用前每个试剂组分轻轻混匀，然后 2000rpm 离心 20 秒。取灭菌且无 RNase 的 0.2ml PCR 管，在冰上按表 4-5 加入试剂，轻轻混匀，2000rpm 离心 20 秒。PCR 反应条件：94℃预变性 2min，94℃变性 30 秒，53 ℃退火 30 秒，72℃延伸 1min，30 个循环。循环结束后 72℃终延伸 10min，4℃保存。

表 4-5 PCR 反应体系

试剂	体积（μl）
10×PCR buffer	5.0
10mmol/L dNTP	1.0

续表

试剂	体积（μl）
灭菌 ddH_2O	15.5
Taq 酶	0.5
上游引物	0.5
下游引物	0.5
cDNA 模板	2.0
总体积	25

3. PCR 产物分析 取 10μl PCR 产物经 1.5%琼脂糖凝胶电泳，EB 染色鉴定，紫外检测。

【试剂配制】

1. RT-PCR 试剂盒 含 Oligo dT、随机引物、dNTPs、DTT、反转录酶（AMV）、RNase 抑制剂、Taq DNA polymerase、10×Taq buffer、$MgCl_2$。

2. 人管家基因 β-actin 特异性引物（基因序列号 BC002409），产物长度 285bp。

上游引物：AGCGAGCATCCCCCAAAGTT

下游引物：GGGCACGAAGGCTCATCATT

【实验仪器】

1. 台式离心机。

2. PCR 仪。

3. 稳流稳压电泳仪。

4. 水平电泳槽。

5. 紫外检测仪。

【注意事项】

1. 遵循引物设计原则细心设计 RT-PCR 的引物。

2. 选择适宜的退火温度提高反应的特异性。

【思考题】

1. 如何设计反转录 PCR 的引物？
2. RT-PCR 有哪些应用？

（朱艳凌）

实验二十三　真核生物基因组 DNA 的提取与鉴定

【实验目的】

1. 掌握真核生物基因组 DNA 制备的原理和方法。

2. 掌握琼脂糖凝胶电泳的原理和操作技术。

【实验原理】

真核生物的 DNA 位于细胞核内，是双链线性分子。DNA 提取的主要过程是：破碎细胞，去除与核酸结合的蛋白质及其他多糖、脂类等生物大分子。本实验通过蛋白酶 K 和 SDS 使蛋白质变性，再用酚/氯仿除去蛋白质，用乙醇使 DNA 沉淀，经 A_{260}/A_{280} 检测 DNA 含量，再经琼脂糖电泳鉴定。

【技术路线】

裂解缓冲液裂解细胞膜、核膜→蛋白酶 K 使核蛋白降解并从 DNA 上解离下来→经苯酚、氯仿抽提去除蛋白质→无水乙醇沉淀 DNA→75%乙醇洗涤 DNA 沉淀→浓度测定、琼脂糖电泳鉴定。

【实验操作】

1. DNA 提取　取新鲜肝组织 0.2g，加 1.2ml DNA 提取缓冲液制成匀浆，加 RNase（20mg/ml），转移至 Ep 管中，37℃水浴保温 30min，然后加入 3μl 蛋白酶 K（终浓度 50μg/ml），50℃保温 2h 以上至过夜。

取 0.5ml 保温液，加 0.5ml 饱和酚，轻柔振荡混匀，于 10 000rpm 离心 10min，将上层水相转入 Ep 管中，加等体积氯仿/异戊醇（24∶1），充分混匀后，10 000rpm 离心 10min。将上层水相转移至 Ep 管中，加 50μl 3mol/L NaAc，加 2～2.5 倍体积的无水乙醇，离心同上，小心去除上清。沉淀加 70%乙醇离心洗涤一次，保留沉淀，使之自然干燥，加适量的无菌水或 TE 溶解，进行核酸定量测定和电泳鉴定。

2. DNA 的鉴定与定量

（1）比色法：DNA 在 260nm 处有最大的吸收峰，蛋白质在 280nm 处有最大的吸收峰。因此，可以在 260nm 波长下用紫外分光光度法测定 DNA 浓度，A 值为 1 相当于大约 50μg/ml 双链 DNA。如用 1cm 光径，用 H_2O 稀释 DNA 样品 n 倍并以 H_2O 为空白对照，根据此时读出的 A_{260} 值即可计算出样品稀释前的浓度：

$$\text{DNA（mg/ml）} = 50 \times A_{260} \times \text{稀释倍数}/1000。$$

DNA 纯品的 A_{260}/A_{280} 为 1.8，故根据 A_{260}/A_{280} 的值可以估计 DNA 的纯度。若比值大于 1.8 说明含有 RNA，比值小于 1.8 说明有残余蛋白质存在。

（2）电泳鉴定：取样品 1μl 与溴酚蓝（上样缓冲液）混匀，在 0.8%琼脂糖凝胶上进行电泳，用噬菌体 λDNA 作为标准。DNA 区带应比较集中，泳动速度与 λDNA 相同或稍慢，证明分子量均＞50kb。一般见不到 RNA 区带。如果 DNA 弥散不成区带，分布在 λDNA 与溴酚蓝之间，则说明 DNA 已经被降解成小分子。

【试剂配制】

1. DNA 提取缓冲液　10mmol/L Tris-HCl（pH8.0），0.1mol/L EDTA（pH8.0），0.5% SDS 及 20μg/ml RNaseA。

2. 蛋白酶 K　20mg/ml 蒸馏水配制。

3. 饱和酚。

4. 3mol/L NaAc　称取 246 克乙酸钠，加水溶解，再加水定容到 1000ml。

5. 1×TE（pH8.0）　1mmol/L EDTA，10mmol/L Tris-Cl（pH 8.0），配制后高压灭菌，4℃保存。

6. 100%乙醇

7. 70%乙醇

【实验仪器】

1. 玻璃匀浆器。

2. 高速离心机。

3. 恒温水浴箱。

4. 紫外分光光度计。

5. 紫外灯或凝胶成像仪。

【注意事项】

1. 选择的实验材料要新鲜，处理时间不宜过长。

2. 在加入苯酚、氯仿、乙醇后动作不宜剧烈，以减少 DNA 断裂发生。

3. 沉淀物太干燥，DNA 溶解很困难。

【思考题】

1. 基因组 DNA 制备过程中提取缓冲液有哪些成分，作用是什么？
2. 基因组 DNA 制备过程中需注意的事项有哪些？

（张　蕾）

实验二十四　基因克隆及蛋白原核表达

【实验目的】

1. 掌握重组 DNA 技术的基本原理。

2. 熟悉基因克隆及蛋白原核表达的操作技术与方法。

【实验原理】

基因工程是以分子遗传学为理论基础，以分子生物学和微生物学的现代方法为手段，将不同来源的目的基因（DNA 片段），按预先设计的蓝图，在体外构建成各种重组 DNA 分子，然后导入受体细胞，以改变生物原有的遗传特性，获得新品种，生产新产品，或是研究基因的结构和功能。

【技术路线】

PCR 扩增目的基因→琼脂糖凝胶电泳鉴定目的基因后，进行胶回收→限制性内切酶酶切目的基因与质粒载体→质粒与目的基因的连接→感受态细胞的转化→阳性克隆的筛选→目的基因大肠杆菌表达。

【实验操作】

1. PCR 扩增目的基因　本实验目的基因为小鼠 Cdc25B 基因片段，长度为 603bp。也可根据实验室条件选择其他目的基因。

（1）按表 4-6 操作进行 PCR 反应：

表 4-6　PCR 反应体系

试剂	体积（μl）
模板质粒（10ng/μl）	1
10× reaction Buffer（Mg^{2+}）	5

续表

试剂	体积（μl）
上游引物（10μmol/L）	1
下游引物（10μmol/L）	1
dNTP（2.5mmol/L）	1
Taq DNA polymerase（5U/μl）	0.5
灭菌 ddH_2O	40.5
总体积	50

（2）PCR 仪预热 10min，将 PCR 管短暂离心后放入 PCR 仪，反应程序：预变性 94℃ 5min→变性 94℃ 30 秒→退火 68℃ 30 秒→延伸 72℃ 60 秒（30 个循环）→最后延伸 72℃ 5min，4℃保存。

（3）琼脂糖凝胶电泳鉴定 PCR 产物（参见第三章实验十四）。

（4）胶回收并纯化目的 DNA

1）将目的 DNA 琼脂糖凝胶电泳条带用刀片切下，放入 1.5ml 离心管中。

2）按照 DNA 凝胶回收试剂盒说明书操作，回收纯化目的 DNA 产物。

2. 酶切质粒载体与目的基因　本实验采用的是原核表达载体 pGEX-4T-2，PCR 产物和质粒载体分别按照表 4-7 进行限制性内切酶 *BamH* Ⅰ 和 *Xho* Ⅰ 双酶切。

表 4-7　*BamH* Ⅰ 和 *Xho* Ⅰ 双酶切反应体系

试剂	体积（μl）
10×Buffer	2.0
质粒载体或纯化的目的 DNA	*X*（质粒 200ng，或目的 DNA200ng）
BamH Ⅰ	1
Xho Ⅰ	1
灭菌 ddH_2O	*Y*（补足体积至 20μl）
总体积	20

离心后置 37℃水浴，2～3h，然后每管加入适量上样缓冲液，混匀，进行琼脂糖凝胶电泳及目的 DNA 与载体的胶回收纯化（按胶回收试剂盒说明书操作）。

3. 目的基因与质粒载体的连接　计算上述回收目的 DNA 和载体的浓度，二者回收产物按摩尔比为 3∶1 作连接反应，反应体系如表 4-8 所示。离心混匀，置于 16℃，连接过夜。

表 4-8　连接反应体系

试剂	体积（μl）
10×T4 Ligase Buffer	1.0
载体 pGEX-4T-2	*X*（100ng）
纯化的目的基因	*Y*（100ng）
T4 DNA 连接酶	1
灭菌 dd H_2O	*Z*（补足体积至 10μl）
总体积	10

4. 感受态细胞的转化

（1）在无菌条件下，将连接产物全部加入到 50 μl 新鲜感受态 *E.coli* DH5α 细菌中，冰浴 30min。

（2）42℃热休克 90 秒，中途不要摇动离心管，然后立即在冰上放置 2min。

（3）每管加 500μl 无抗生素的 LB 培养基，于 37℃空气摇床中 150rpm 振摇 1h，使细菌复苏。

（4）吸取 200μl 已转化的感受态细胞，加到含有 100μg/ml Amp 的 LB 琼脂培养基上，将细胞均匀涂开，将平板置 37℃至液体被吸收，倒置平板，37℃过夜培养至单菌落形成。

5. 阳性克隆的筛选 本实验采用抗生素抗性进行筛选。pGEX-4T-2 质粒携带抗氨苄青霉素基因，因而使接受了该质粒的受体菌具有抗氨苄青霉素的特性，常用 Amp^r 表示。将经过转化反应的全部受体细胞在含有氨苄青霉素的培养基上培养，只有转化的受体菌才能存活；未受转化的受体菌则无抵抗氨苄青霉素的能力而死亡；已转化的重组体可通过 PCR 或双酶切鉴定，本实验采用双酶切鉴定。

（1）挑取 *n* 个单菌落接种于 4ml LB 培养基中（含 100μg/ml Amp），37℃、225rpm 震荡过夜培养，进行质粒小量抽提（参见第三章实验十六）。

（2）用 *BamH* Ⅰ 和 *Xho* Ⅰ 对重组质粒 pGEX-4T-2-Cdc25B 进行双酶切，反应体系如表 4-9。

（3）琼脂糖凝胶电泳检测酶切结果：在载体和目的基因处可见预期条带。

表 4-9 重组质粒双酶切鉴定体系

试剂	体积（μl）
10×Buffer	1.0
重组质粒 pGEX-4T-2-Cdc25B	3.0
BamH Ⅰ	0.5
Xho Ⅰ	0.5
灭菌 dd H_2O	5.0
总体积	10.0

6. 目的基因的诱导表达

（1）将含有转化 PGEX-4T-2-Cdc25B 的菌液接种到 200ml 的 LB 培养基中（含 100μg/ml Amp），37℃、空气浴振荡培养，当 A_{600} = 0.6～0.8 时加入 IPTG 至终浓度为 0.1mmol/L，30℃、诱导表达 3h。离心，收集菌体沉淀。

（2）超声破碎法裂解细菌，离心取上清。上清中含有 GST-Cdc25B 融合蛋白。取 10μl 上清进行 SDS-PAGE 凝胶电泳，考马斯亮蓝蛋白胶染色，脱色后观察蛋白表达情况（参见第三章实验十八）。

（3）也可采用 Western blot 方法，用标签蛋白 GST 抗体鉴定 GST-Cdc25B 融合蛋白（参见第三章实验十九）。

【试剂配制】

1. 限制性内切酶 *BamH* Ⅰ 和 *Xho* Ⅰ

2. 诱导剂 0.1～1mmol/L 异丙基硫代-β-*D* 半乳糖苷（IPTG）。

3. 氨苄青霉素（Amp）　100μg/ml。

4. LB 液体培养基　每升含有胰蛋白胨 10g，酵母提取物 5g，NaCl 10g，用 1mol/L NaOH 调节 pH 至 7.4，高压灭菌（15 磅，1.034×10^5Pa）20 min，备用。

5. LB 固体培养基　每升含有胰蛋白胨 10g，酵母提取物 5g，NaCl 10g，15g Agar，用 1mol/L NaOH 调节 pH 至 7.5，高压灭菌（15 磅，1.034×10^5Pa）20min，备用。

6. 50×TAE　Tris 碱 242.0g，0.5mol/LEDTA100ml（pH8.0），冰乙酸 57.1ml。

7. EB（1mg/ml）凝胶中浓度为 0.5g/ml

8. T4 DNA 连接酶

9. 质粒 pGEX-4T-2

10. 琼脂糖

11. DH5α 感受态细胞

12. PCR 引物

上游引物：5′CGCGGATCCATTCAGGCAGCCAGTCGGGT 3′，下划线部分为 *BamH* Ⅰ酶切位点。

下游引物：5′CCGCTCGAGTCAGATGGGTCGGATCACACTGC 3′，下划线部分为 *Xho* Ⅰ酶切位点。

其他试剂为试剂盒提供。

【实验仪器】

PCR 仪、水浴箱、超净工作台、超声波破碎仪、稳流稳压电泳仪、水平电泳槽、高速离心机、DNA 连接仪、CO_2 孵箱、制冰机、凝胶成像系统。

【注意事项】

1. 琼脂糖凝胶电泳回收 DNA 时，切 DNA 条带琼脂糖凝胶越少越好，可以用较薄的胶来做。

2. 紫外线对人体有害，尤其对眼睛，应注意防护。

3. 双酶切时需要注意选择合适的缓冲体系、酶切时间及 DNA 的浓度。

4. 目的 DNA 与载体连接时，注意比例要合适。

5. 转化时 42℃水浴温度和时间一定准确，且不能摇动。

6. 实验中要密切注视细菌的生长状态，尽量使用对数生长期的细胞。

7. 整个实验要注意无菌操作，防止杂菌和其他外源 DNA 的污染。

【思考题】

1. PCR 结果常出现非特异性扩增产物或引物二聚体，如何才能消除？
2. 什么是转化？什么是感受态细胞？
3. 什么是质粒？质粒有几种构型？
4. 基因工程中常用的限制性内切酶识别 DNA 的结构有什么特点，有几种切割方式？
5. 据你所知，细菌转化实验的筛选标记还有哪些？

（张　蕾）

第五章　创新性实验

实验二十五　食管癌 *PAX9* 基因的克隆及重组载体构建[1]

【实验目的】

熟悉和掌握克隆某目的基因的技术路线及实验方法。

【实验内容及技术路线】

实验内容

1. 通过反转录-聚合酶链式反应（RT-PCR）方法扩增 *PAX9* 基因　以食管癌细胞的总RNA 为研究材料，通过 RT-PCR 方法将 *PAX9* 基因扩增，检测 *PAX*9 在 mRNA 水平上的表达。

2. 重组载体 pMD-19-*PAX9* 的构建及鉴定　将 *PAX9* 基因 PCR 产物与 T-克隆载体连接，构建 pMD-19-*PAX9* 重组克隆载体并通过单、双酶切方法进行鉴定。

技术路线

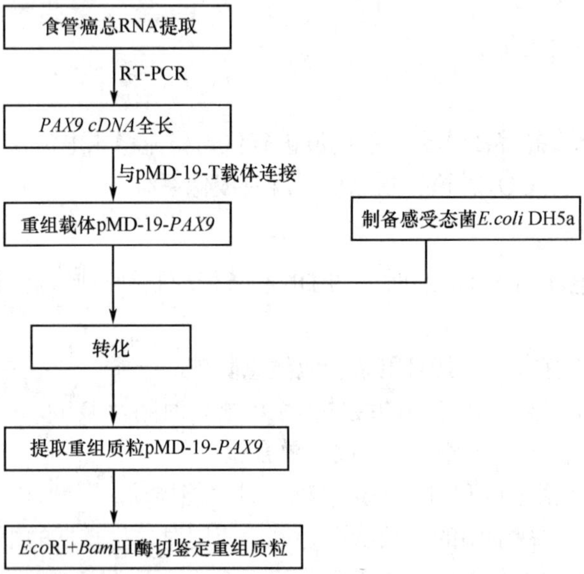

【实验材料、器材及试剂】

1. 实验材料　食管癌细胞；大肠杆菌 DH5a；pMD-19-T 线性载体（2692 bp）、人 *PAX9*（GeneBank NM_006194.3）特异性引物，分别为：

上游引物 5′-gcggatccatggagccagccttcggggag-3′，

下游引物 5′-gcgaattcgagcgcggaagccgtgacag-3′，

下划线部分分别为 *Bam*H Ⅰ 和 *Eco*R Ⅰ限制性内切酶识别序列。预期扩增片段大小为1023bp。

2. 实验器材　PCR 扩增仪、掌式离心机、微量移液器、微波炉、100ml 三角烧瓶、电泳仪、水平电泳槽及配制凝胶模具、微量分光光度计、紫外分析仪、低温高速离心机，恒

---

1 朱珊珊，贾丽娜，张鑫鑫等. PAX9 在食管鳞癌细胞中的表达，《辽宁医学院学报》，2016（37），6：5-8

温水浴锅、旋涡混合器、双面微量离心管架、制冰机、恒温摇床、超净工作台、恒温培养箱、超净工作台、高速离心机、酒精灯、玻璃涂棒、微量移液器吸头、PCR 管、1.5 ml 微量离心管（EP 管）、培养皿（已铺好固体 LB-Amp）灭菌牙签、打火机。

3. 实验试剂　Trizol 裂解液、Oligo dT 引物、dNTPs、DTT、反转录酶（AMV）、10×RT buffer、RNase 抑制剂、Taq DNA polymerase、10×Taq buffer、$MgCl_2$、RNase Free dH_2O、琼脂糖、TAE 电泳缓冲液、核酸荧光染料、连接酶缓冲液、ddH_2O、T4 DNA 连接酶、凝胶回收试剂盒，质粒提取相关溶液、LB 培养基（不加抗菌药物）、LB 培养基（加抗菌药物）、无菌 ddH_2O、IPTG、X-gal、甘油、氯仿、异丙醇、乙醇、*Eco*R I，*Bam*H I，10×酶切缓冲液。

【实验操作】

1. RT-PCR 法扩增 *PAX9* 基因

（1）食管癌细胞总 RNA 的提取：食管癌细胞培养至指数生长期，吸弃培养基，加入适量的 Trizol 试剂，提取其总 RNA。方法详见第四章实验二十二《RT-PCR 技术（一）》。采用分光光度法测其浓度。

（2）反转录（RT）：使用前每个试剂组分轻轻混匀，然后 2000rpm 离心 20 秒。取灭菌且无 RNase 的 0.2ml PCR 管，按表 5-1 加入试剂，轻轻混匀，2000rpm 离心 20 秒。RT 反应条件为：42℃反应 30min，99℃反应 5min，5℃反应 5min。反应产物即为 cDNA，共 10μl。cDNA 可立即进行下一步的 PCR 反应或–20℃保存。

表 5-1　反转录（RT）

试剂	体积（μl）
$MgCl_2$	2.0
10×RT buffer	1.0
RNase Free dH_2O	3.75
dNTP	1.0
RNase inhibitor	0.25
AMV 反转录酶	0.5
Oligo dT-Adaptor	0.5
总 RNA	1.0（1.0 μg）
总体积	10

（3）PCR 反应：使用前每个试剂组分轻轻混匀，然后 2000rpm 离心 20 秒。取灭菌且无 RNase 的 0.2ml PCR 管，在冰上按表 5-2 加入试剂，轻轻混匀，2000rpm 离心 20 秒。

表 5-2　PCR 反应体系

试剂	体积（μl）
10×PCR buffer	5.0
10 mmol/L dNTP	1.0
灭菌 ddH_2O	15.5
Taq DNA 聚合酶	0.5
PAX9 特异性上游引物	0.5
PAX9 特异性下游引物	0.5
cDNA 模板	2.0
总体积	25

PCR 反应条件：94℃预变性 2 min，94℃变性 30 秒，55℃退火 30 秒，72℃延伸 1 min，30 个循环。循环结束后 72℃终延伸 10 min。

（4）PCR 产物分析：配制 1%的琼脂糖凝胶，取 5μl PCR 产物进行电泳检测。方法详见第三章实验十四《DNA 琼脂糖凝胶电泳》

2. *PAX9* cDNA 与 pMD-19-T 载体连接

（1）吸取 20～50μl 进行琼脂糖凝胶电泳。方法详见第三章实验十四《DNA 琼脂糖凝胶电泳》。紫外灯下切取目的条带部分，放入 1.5ml 离心管内，用天平秤取净重，备用。根据凝胶回收试剂盒操作说明回收纯化 PCR 产物。PCR 产物保存于–20℃。

（2）事先将干式恒温仪（或冰盒里的水）温度设定在 14～16°C。取一个灭菌的 1.5ml 微量离心管，在冰上按表 5-3 加入连接体系：

表 5-3　*PAX9* cDNA 与 pMD-19-T 载体连接体系

试剂	体积（μl）
PCR 产物混合液	4
pMD-19-T 载体	1
T4 DNA 连接酶	0.5
连接酶缓冲液	1
dd H_2O	3.5
总体积	10

（3）将混合液轻轻振荡后再短暂离心，然后置于 14°C 水中保温 2h 或过夜。

（4）连接后的产物可以立即用来转化感受态细胞或置 4°C 冰箱备用。

3. pMD-19-*PAX9* 载体转化

（1）感受态细胞的制备。

1）取一支无菌的摇菌试管，在超净工作台中加入 2ml LB（不含抗菌药物！）培养基。

2）从超低温冰柜中取出 DH5α菌种，放置在冰上。在超净工作台中用烧红的接种环插入冻结的菌中，然后接入含 2ml LB 培养基的试管中，37℃摇床培养过夜。

3）取 0.5ml 上述菌液转接到含有 50ml LB 培养基的三角烧瓶中，37℃下 250rpm 摇床培养 2～3h，测定 OD_{590} 为 0.375（＜0.4～0.6，细胞数＜10^8/ml，此为关键参数！）。以下操作除离心外，都在超净工作台中进行。

4）将菌液分装到 1.5ml 预冷无菌的聚丙烯离心管中，于冰上放置 10min，然后于 4℃，5000rpm 离心 10min。

5）将离心管倒置以倒尽上清液，加入 1ml 冰冷的 0.1mol/L $CaCl_2$ 溶液，立即在涡旋混合器上混匀，插入冰中放置 30min。

6）4℃，5000rpm 离心 10min，弃上清液后，用 1ml 冰冷的 0.1mol/L $CaCl_2$ 溶液垂悬，插入冰中放置 30min。

7）4℃，5000rpm 离心 10min，弃上清液后，用 200μl 冰冷的 0.1mol/L $CaCl_2$ 溶液垂悬，超净工作台中按每管 100μl 分装到 1.5ml 离心管中。可以直接用作转化实验，或立即放入–80℃超低温冰柜中保藏（可存放数月）。

（2）转化：事先将恒温水浴的温度调到 42℃。

1）从超低温冰柜中取出一管（50～100μl）感受态菌，立即用手指加温融化后插入冰上，冰浴 5～10min。

2）加入 5μl 连接好的 pMD-19-*PAX9* 质粒混合液（DNA 含量不超过 100ng），轻轻震荡后放置冰上 20min。

3）轻轻摇匀后插入 42°C 水浴中 1～2min 进行热休克，然后迅速放回冰中，静置 3～5min。

4）在超净工作台中向上述管中加入 500μl LB 培养基（不含抗菌药物）轻轻混匀，然后固定到摇床的弹簧架上 37℃振荡 45min。

5）在超净工作台中取上述转化混合液 50～150μl，分别滴到含合适抗菌药物的固体 LB 平板培养皿中。用玻璃涂布棒涂布均匀（注意：从酒精中取出玻璃涂布棒，在火上点燃，熄灭后稍等片刻，待其冷却后再涂）。

6）滴完菌液后再在平板上滴加 40μl 2% X-gal，7μl 20% IPTG，进行蓝白斑筛选，用酒精灯烧过的玻璃涂布棒涂布均匀。

7）在涂好的培养皿上做上标记，先放置在 37℃恒温培养箱中 30～60min 直到表面的液体都渗透到培养基里后，再倒置过来放入 37℃恒温培养箱培养约 18h。

8）在被细菌污染的桌面上喷洒 70%乙醇，擦干桌面。

观察平板上长出的菌落克隆，以菌落之间能互相分开为好。注意白色菌斑。

4. 转化克隆的筛选和鉴定-质粒提取及酶切鉴定

（1）在超净工作台中取 3 支无菌摇菌管，各加入 3ml LB（含 50μg/ml 氨苄青霉素），用记号笔写好编号。

（2）在超净工作台中将 70%乙醇浸泡的小镊子头用酒精灯烤过，镊取一支无菌牙签。用牙签的尖部接触转化的平板培养基上的一个白色菌落，然后将牙签放入盛有 3ml LB（含 50μg/ml 氨苄青霉素）的摇菌管中。用此法随机取 3 个白色菌落，分别装入 3 个摇菌管中。

（3）恒温摇床上 37°C 摇菌过夜，用碱变性法分别提取 pMD-19-*PAX9* 重组质粒。方法详见第三章实验十六《质粒 DNA 的制备》。

（4）提取到的质粒鉴定：

1）初步电泳鉴定：与已知分子量的质粒同时电泳，先根据分子量判断和选取有插入片段的质粒。pMD19-*PAX9* 重组质粒大小：2692 + 1023 = 3715bp。

2）酶切鉴定：确定大小后，可用适当的限制性内切酶酶切，然后与目的片段 PCR 产物一同电泳，进一步鉴定外源插入片段（*PAX9*）大小是否与预期相符。双酶切方法如下：

准备一个 0.5ml 无菌 EP 管，按表 5-4 加入双酶切体系。加完后混匀，并放置于 37℃恒温水浴锅，酶切 1～2h。取出适量酶切产物，进行琼脂糖凝胶电泳检测。

表 5-4　pMD19-*PAX9* 重组质粒双酶切鉴定体系

试剂	体积（μl）
10×酶切缓冲液（用 *Eco*RI 的缓冲液）	4
pMD19-*PAX9*	8
*Eco*R I	1
*Bam*H I	1
ddH$_2$O	26
总体积	40

3）测序鉴定：经过鉴定判断为正确的质粒保存于−20℃。按照编号找到冰箱中原菌液，加入适量 LB 培养基扩大培养。1.5ml 无菌离心管内，吸取 1ml 菌液，盖紧管盖，用封口膜封口。将菌液邮寄至生物测序公司，进行序列鉴定。将测序结果与 *PAX9* GeneBank NM_006194.3 序列进行比对，检查是否有突变或缺失等情况。经鉴定正确的菌液，取 500 μl 与 500 μl 65%甘油混合后−80℃长期保存。

【实验结果】

图 5-1 至图 5-4。

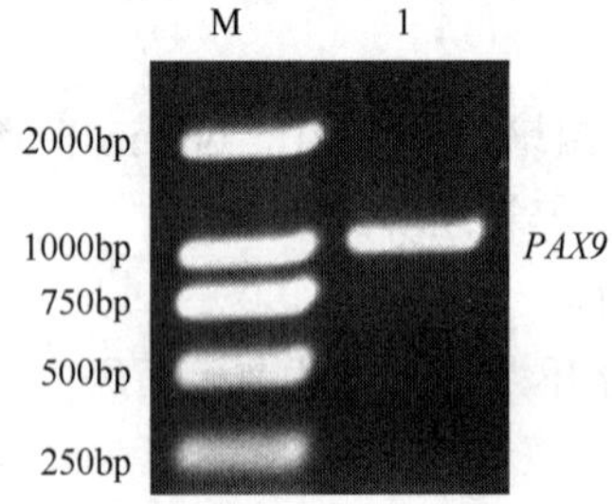

图 5-1 *PAX9* RT-PCR 结果 M 为 DNA 分子量 Marker，1 为食管鳞癌细胞。*PAX9* 扩增长度为 1023 bp

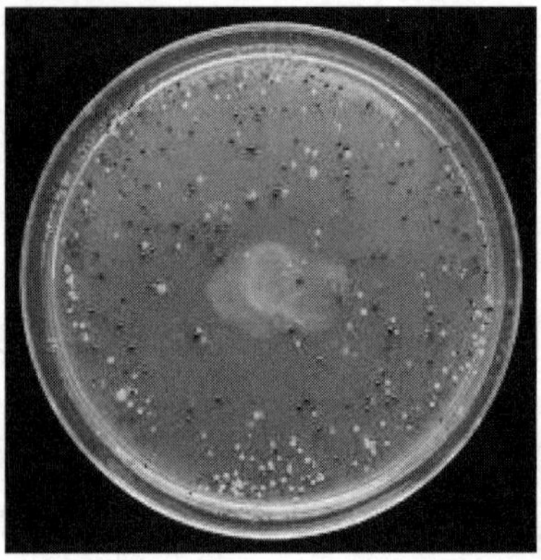

图 5-2 pMD19-*PAX9* 重组质粒转化结果（蓝白斑筛选） 蓝色菌斑内转入空质粒，白色菌斑内转入插入外源片段的 pMD19-T 环状质粒

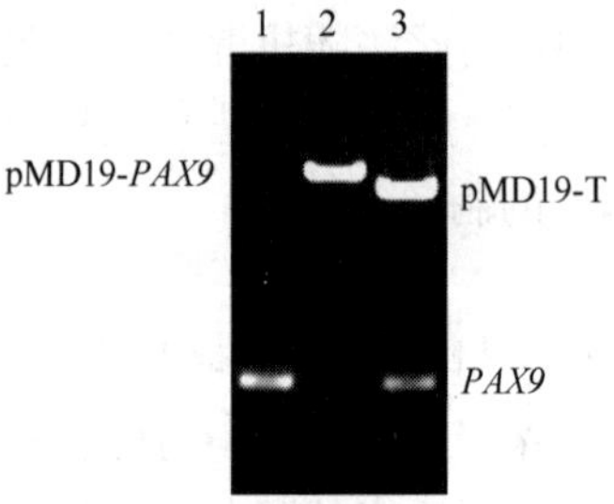

图 5-3 pMD19-*PAX9* 重组质粒酶切鉴定

1：*PAX9* RT-PCR 产物；2：pMD19-*PAX9* 质粒；3：pMD19-*PAX9* 质粒双酶切产物

```
Query  1    ATGGAGCCAGCCTTCGGGGAGGTGAACCAGCTGGGAGGAGTGTTCGTGAACGGGAGGCCG  60
            ||||||||||||||||||||||||||||||||||||||||||||||||||||||||||||
Sbjct  727  ATGGAGCCAGCCTTCGGGGAGGTGAACCAGCTGGGAGGAGTGTTCGTGAACGGGAGGCCG  786
Query  61   CTGCCCAACGCCATCCGGCTTCGCATCGTGGAACTGGCCCAACTGGGCATCCGACCGTGT  120
            ||||||||||||||||||||||||||||||||||||||||||||||||||||||||||||
Sbjct  787  CTGCCCAACGCCATCCGGCTTCGCATCGTGGAACTGGCCCAACTGGGCATCCGACCGTGT  846
Query  121  GACATCAGCCGCCAGCTACGGGTCTCGCACGGCTGCGTCAGCAAGATCCTGGCGCGATAC  180
            ||||||||||||||||||||||||||||||||||||||||||||||||||||||||||||
```

```
Sbjct  847   GACATCAGCCGCCAGCTACGGGTCTCGCACGGCTGCGTCAGCAAGATCCTGGCGCGATAC  906

Query  181   AACGAGACGGGCTCGATCTTGCCAGGAGCCATCGGGGGCAGCAAGCCCCGGGTCACTACC  240
             ||||||||||||||||||||||||||||||||||||||||||||||||||||||||||||
Sbjct  907   AACGAGACGGGCTCGATCTTGCCAGGAGCCATCGGGGGCAGCAAGCCCCGGGTCACTACC  966

Query  241   CCCACCGTGGTGAAACACATCCGGACCTACAAGCAGAGAGACCCCGGCATCTTCGCCTGG  300
             ||||||||||||||||||||||||||||||||||||||||||||||||||||||||||||
Sbjct  967   CCCACCGTGGTGAAACACATCCGGACCTACAAGCAGAGAGACCCCGGCATCTTCGCCTGG  1026

Query  301   GAGATCCGGGACCGCCTGCTGGCGGACGGCGTGTGCGACAAGTACAATGTGCCCTCCGTG  360
             ||||||||||||||||||||||||||||||||||||||||||||||||||||||||||||
Sbjct  1027  GAGATCCGGGACCGCCTGCTGGCGGACGGCGTGTGCGACAAGTACAATGTGCCCTCCGTG  1086

Query  361   AGCTCCATCAGCCGCATTCTGCGCAACAAGATCGGCAACTTGGCCCAGCAGGGTCATTAC  420
             ||||||||||||||||||||||||||||||||||||||||||||||||||||||||||||
Sbjct  1087  AGCTCCATCAGCCGCATTCTGCGCAACAAGATCGGCAACTTGGCCCAGCAGGGTCATTAC  1146

Query  421   GACTCATACAAGCAGCACCAGCCGACGCCGCAGCCAGCGCTGCCCTACAACCACATCTAC  480
             ||||||||||||||||||||||||||||||||||||||||||||||||||||||||||||
Sbjct  1147  GACTCATACAAGCAGCACCAGCCGACGCCGCAGCCAGCGCTGCCCTACAACCACATCTAC  1206

Query  481   TCGTACCCCAGCCCTATCACGGCGGCGGCCGCCAAGGTGCCCACGCCACCCGGGGTGCCT  540
             ||||||||||||||||||||||||||||||||||||||||||||||||||||||||||||
Sbjct  1207  TCGTACCCCAGCCCTATCACGGCGGCGGCCGCCAAGGTGCCCACGCCACCCGGGGTGCCT  1266

Query  541   GCCATCCCCGGTTCGGTGGCCATGCCGCGCACCTGGCCCTCCTCGCACTCCGTCACCGAC  600
             ||||||||||||||||||||||||||||||||||||||||||||||||||||||||||||
Sbjct  1267  GCCATCCCCGGTTCGGTGGCCATGCCGCGCACCTGGCCCTCCTCGCACTCCGTCACCGAC  1326

Query  601   ATCCTGGGCATCCGCTCCATCACCGACCAAGTGAGCGACAGCTCCCCCTACCACAGCCCC  660
             ||||||||||||||||||||||||||||||||||||||||||||||||||||||||||||
Sbjct  1327  ATCCTGGGCATCCGCTCCATCACCGACCAAGTGAGCGACAGCTCCCCCTACCACAGCCCC  1386

Query  661   AAGGTGGAGGAGTGGAGCAGCCTGGGCCGCAACAACTTCCCCGCCGCCGCCCCGCATGCG  720
             |||||||||||||||||||||||||||||||||||||||||||||||||||||||| |||
Sbjct  1387  AAGGTGGAGGAGTGGAGCAGCCTGGGCCGCAACAACTTCCCCGCCGCCGCCCCGCACGCG  1446

Query  721   GTGAACGGGTTGGAGAAGGGAGCCCTGGAGCAGGAAGCCAAGTACGGTCAGGCACCAAAT  780
             ||||||||||||||||||||||||||||||||||||||||||||||||||||||||||||
Sbjct  1447  GTGAACGGGTTGGAGAAGGGAGCCCTGGAGCAGGAAGCCAAGTACGGTCAGGCACCAAAT  1506
```

```
Query  781   GGTCTCCCAGCTGTGGGCAGTTTTGTGTCAGCATCCAGCATGGCTCCTTACCCTACCCCA  840
             ||||||||||||||||||||||||||||||||||||||||||||||||||||||||||||
Sbjct  1507  GGTCTCCCAGCTGTGGGCAGTTTTGTGTCAGCATCCAGCATGGCTCCTTACCCTACCCCA  1566
Query  841   GCCCAAGTGTCGCCTTACATGACCTACAGTGCTGCTCCTTCTGGTTATGTTGCTGGACAT  900
             ||||||||||||||||||||||||||||||||||||||||||||||||||||||||||||
Sbjct  1567  GCCCAAGTGTCGCCTTACATGACCTACAGTGCTGCTCCTTCTGGTTATGTTGCTGGACAT  1626
Query  901   GGGTGGCAACATGCTGGGGGCACCTCATTGTCTCCCCACAACTGTGACATTCCGGCATCG  960
             ||||||||||||||||||||||||||||||||||||||||||||||||||||||||||||
Sbjct  1627  GGGTGGCAACATGCTGGGGGCACCTCATTGTCTCCCCACAACTGTGACATTCCGGCATCG  1686
Query  961   CTGGCGTTCAAGGGAATGCAGGCAGCCAGAGAAGGTAGTCATTCTGTCACGGCTTCCGCG  1020
             ||||||||||||||||||||||||||||||||||||||||||||||||||||||||||||
Sbjct  1687  CTGGCGTTCAAGGGAATGCAGGCAGCCAGAGAAGGTAGTCATTCTGTCACGGCTTCCGCG  1746
Query  1021  CTC  1023
             |||
Sbjct  1747  CTC  1749
```

图 5-4　克隆的 *PAX9* 序列与 *PAX9* GeneBank NM_006194.3 序列比较

Query：克隆的 *PAX9* 序列；Sbjct：*PAX9* GeneBank 上的序列

（包晓红）

实验二十六　支架蛋白 RACK1 小干扰 RNA 抑制卵巢癌细胞 CAOV3 的增殖、迁移和侵袭[1]

【实验目的】

1. 观察支架蛋白 RACK1 小干扰 RNA（siRNA）对卵巢癌 CAOV3 细胞增殖、迁移和侵袭的影响。

2. 探讨 RACK1 在卵巢癌发生中的可能作用机制。

【实验原理】

卵巢癌的发病率和死亡率逐年递增，对广大女性的身心健康是一个的严重威胁，而影响其疗效的主要因素是卵巢癌的复发和转移。因此，寻找一个高敏感性的卵巢肿瘤转移分子生物学标记物极为紧迫，为临床卵巢癌的复发和转移做出早期诊断提供参考。

RACK1 定位于人的第 5 号染色体，编码 35 kDa 的蛋白质，其结构包含七个 WD40 重复序列。它与 G 蛋白亚单位具有同源性，作为蛋白激酶 C 的胞内受体而被首次发现。很

1 孙静，任丽莉，张晓玉等. 支架蛋白 RACK1 小干扰 RNA 抑制卵巢癌细胞 CAOV3 的增殖、迁移和侵袭. 中国老年学杂志，2017，37（2）：263-266

多报道提示 RACK1 的 WD40 重复序列正是 RACK1 与众多蛋白相互作用的物质基础，正是因为这些与 RACK1 相互作用蛋白在细胞各项生理功能的重要作用，才使人们关注 RACK1，它可能参与调控许多重要的细胞功能，包括细胞生长、黏附、运动及分化。有报道 RACK1 促进人黑色素瘤、口腔鳞癌、乳腺癌等肿瘤转移，但 RACK1 与卵巢癌生物学行为的相关性如何？目前尚不清楚。本研究拟通过对 RACK1 与卵巢癌细胞生物学行为相关性及其机制研究，有助阐明卵巢癌增殖、迁移运动和侵袭转移的分子生物学机理，找寻人卵巢癌侵袭转移的分子生物学标记物及分子治疗的新靶点。

【实验内容】

1. 下调 RACK1 蛋白表达，Western blotting 检测 RACK1 的干涉效能。

2. 下调 RACK1 蛋白表达，MTT 法测定 CAOV3 细胞的增殖率。

3. 下调 RACK1 蛋白表达，划痕实验和 Transwell 迁移和侵袭实验研究 CAOV3 细胞迁移和侵袭能力。

4. 下调 RACK1 蛋白表达，Western blotting 检测 CAOV3 细胞中 MMP2 和 MMP9 的蛋白表达。

【实验材料、器材及试剂】

1. 实验材料　人卵巢癌细胞 CAOV3；RACK1（GenBank No. NM_006098）的 RNAi 靶点序列：

正义链 5′-CAGATTGTCTCTGGATCTCGA-3′

反义链 5′-UCGAGAUCCAGAGACAAUCUG -3′

Graphpad prism 5 统计软件。

2. 实验器材　CO_2 培养箱、倒置显微镜、酶标仪、凝胶自动成像仪、水浴式电转印槽、电泳仪、水平电泳槽及配制凝胶模具、低温高速离心机、恒温水浴锅、旋涡混合器、微量移液器、细胞培养板、Transwell 小室、硝酸纤维素膜、1.5 ml 微量离心管（EP 管）、微量移液器吸头、（6 孔、24 孔和 96 孔）培养板、培养瓶。

3. 实验试剂　胎牛血清、DMEM/F12 培养基、青霉素、链霉素、胰蛋白酶、PBS、DMSO、Lipofectamine 2000 转染试剂、Matrigel 胶、RACK1 鼠单克隆抗体、MMP2 和 MMP9 兔多克隆抗体、β-Actin 抗体、HRP 标记的山羊抗兔 IgG、山羊抗鼠 IgG、BCA 蛋白浓度测定试剂盒、预染蛋白 Marker、RIPA 蛋白裂解液、SDS 样品缓冲液、脱脂奶粉、TTBS、ECL 发光试剂盒、无水乙醇、MTT、苏木素、伊红。

【实验操作】

1. 细胞培养　人卵巢癌细胞 CAOV3 生长于含 10%胎牛血清的 DMEM/F12 培养基中（含 100U/ml 青霉素和 50 U/ml 链霉素），37℃、5% CO_2 饱和湿度的温箱中培养，每 2 天换液一次，0.25%胰蛋白酶消化传代。

2. RACK1 小干扰 RNA（siRNA）的合成和转染　CAOV3 细胞接种于 6 孔细胞培养板中，细胞转染按照 Lipofectamine 2000 转染试剂说明书进行。20μmol/L scramble siRNA 或 RACK1 siRNA 转染细胞 48h 后收集细胞进行后续实验。

3. MTT 法检测 CAOV3 细胞生长抑制率　取对数生长期 CAOV3 细胞，调整细胞数接种于 96 孔板培养板上，每组 6 个平行复孔；37℃培养箱中培养 24h 后，在细胞融合率达 80%～90%后，进行转染；24h 或 48h 后，取出 96 孔板，在每孔中加入新鲜配制的 20μl

MTT 溶液（5mg/ml），再次将 96 孔板放入培养箱中继续培养 4h；弃去培养液，每孔加入 150μl 二甲基亚砜（DMSO），振荡 15min，充分溶解紫色结晶。通过酶标仪测定 490nm 测吸光度值（*A* 值），测定细胞生长抑制率。

4. 划痕试验 将生长至融合度达 90%的 CAOV3 细胞接种于 24 孔板，用黄色枪头划痕，PBS 清洗细胞 3 次去除划下的细胞，细胞转染后继续培养 24～48 h，利用倒置显微镜标尺，不同时间点（0 h、6 h、12 h、24 h 和 48 h）监测划痕宽度变化，测量划痕宽度，摄像纪录。

5. 侵袭实验 在 Transwell 小室（24 孔板）滤膜的上表面铺 100μl Matrigel（100mg/ml），于 37℃孵育 4～5 h 使之固化；温热的无血清培液轻轻冲洗凝固的 Matrigel；细胞以 5×10^4 / 孔的密度接种于带 8μm 微孔膜的 Transwell 小室的上室，用含 0.5 %胎牛血清的培养液培养，下室加入 500μl 含 20 %胎牛血清的培养液于 37℃培养箱孵育，每组设 8 个复孔。培养 48 h 后，弃培液，用无水乙醇室温固定细胞 5min，PBS 室温清洗细胞 3 次，苏木素伊红染色后，用棉签拭去小室上室面无侵袭性细胞。倒置显微镜下随机选择 5 个视野，计数穿过 8μm 微孔膜的侵袭细胞数目。

6. 迁移实验 不铺 Matrigel 胶，其余步骤同“5.侵袭实验”。

7. Western blotting 方法检测 RACK1、MMP2 和 MMP9 的蛋白表达 RIPA 蛋白裂解液提取收集转染 48 h 后的细胞总蛋白，BCA 法测定蛋白浓度，5×SDS 样品缓冲液煮沸 5 min，离心后上样，10 % SDS-PAGE 电泳分离，将蛋白转至硝酸纤维素膜上，含 5 % 脱脂奶粉的 TBST（pH 7.4）封闭滤膜，再分别与 RACK1、MMP2 和 MMP9 抗体（稀释比为 1：1000）及 β-Actin 抗体（稀释比为 1：1000）4℃温育过夜。TTBS 洗膜三次，HRP 偶联的 IgG 作为二抗（稀释比为 1：5000）室温温育 2 h，重复洗膜 3 次，ECL 发光法显色。

8. 统计学分析 应用 Graphpad prism 5 统计软件进行数据统计与分析，各组数据以均数 ± 标准差（$\bar{x}\pm s$）表示，多样本均数检验采用方差分析的方法。$P>0.05$ 为差异无显著性意义，$P<0.01$ 为差异有极显著性意义。

【实验结果】

1. CAOV3 细胞转染 RACK1 siRNA 显著下调 RACK1 的表达 与 mock 组和 scramble siRNA 组比较，CAOV3 细胞转染 RACK1 siRNA 明显抑制内源性 RACK1 的蛋白表达（图 5-5）。

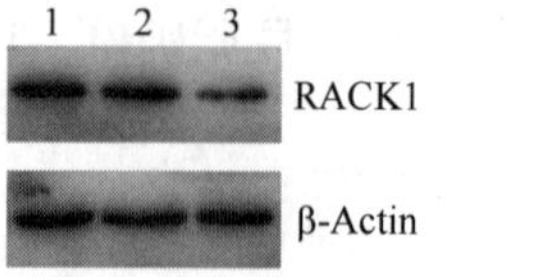

图 5-5 CAOV3 细胞转染 RACK1 siRNA 后 RACK1 蛋白表达水平

2. 下调 RACK1 的表达抑制 CAOV3 细胞的体外增殖 CAOV3 细胞生长 24 h 后，与 mock 组（92.80%±3.09%）和 scramble siRNA 组（89.80% ± 3.96%）相比，转染 RACK1 siRNA（74.80% ± 2.76%）能够显著抑制 CAOV3 细胞的生长增殖（$P<0.01$）；细胞生长 48 h 后，与 mock 组（88.28% ± 4.91%）和 scramble siRNA 组（84.75% ± 3.35%）相比，RACK1 siRNA 转染组（54.80% ± 2.91%）细胞生长明显受到抑制，差异具有统计学意义（$P<0.01$）。

3. 下调 RACK1 表达抑制 CAOV3 细胞迁移 CAOV3 细胞转染 48h 后，RACK1 siRNA 转染组细胞迁移的数量较 scramble siRNA 组少，相对距离较远。两组细胞 48h 愈合率分别为 34.80% ±1.96%和 92.43% ± 4.8%，具有显著统计学意义（$P<0.01$，图 5-6）。

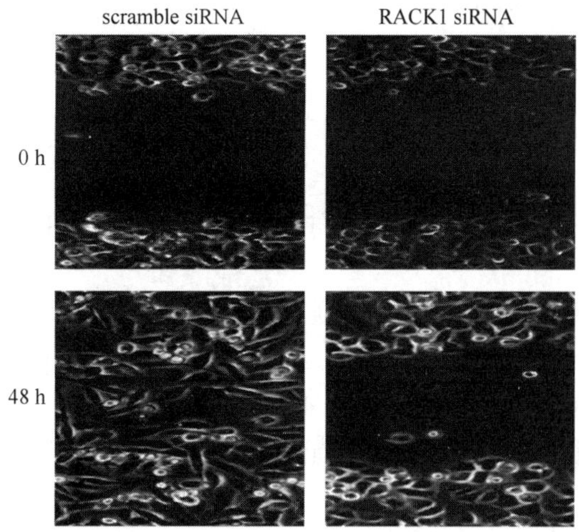

图 5-6　划痕实验检测转染 RACK1 siRNA 后 CAOV3 细胞的迁移情况

Transwell 迁移实验结果表明，RACK1 siRNA 转染组穿过微孔膜的细胞数（45.53 ± 5.36）较 scramble siRNA 转染组细胞（242.67 ± 18.82）少，差异具有显著性（$P<0.01$，图 5-7，彩图 5-7）。

4. 下调 RACK1 表达抑制 CAOV3 细胞侵袭　Transwell 侵袭实验也显示与对照组（193.28 ± 21.53）相比，转染 RACK1 siRNA 组 CAOV3 细胞穿过麦氏胶的细胞（57.64 ± 6.89）明显减少（图 5-8，彩图 5-8）。

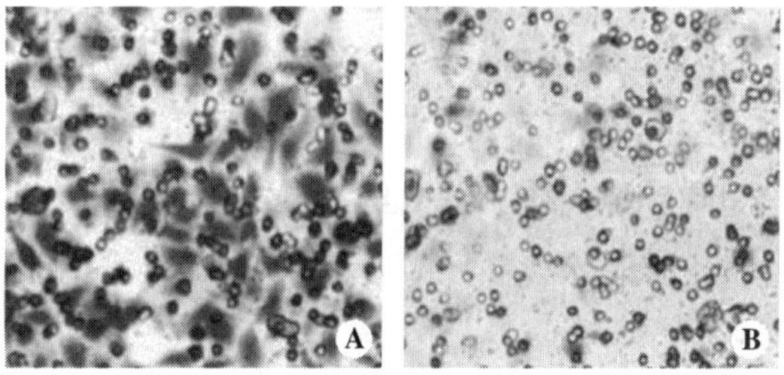

图 5-7　Transwell 实验检测转染 RACK1 siRNA CAOV3 细胞的迁移情况

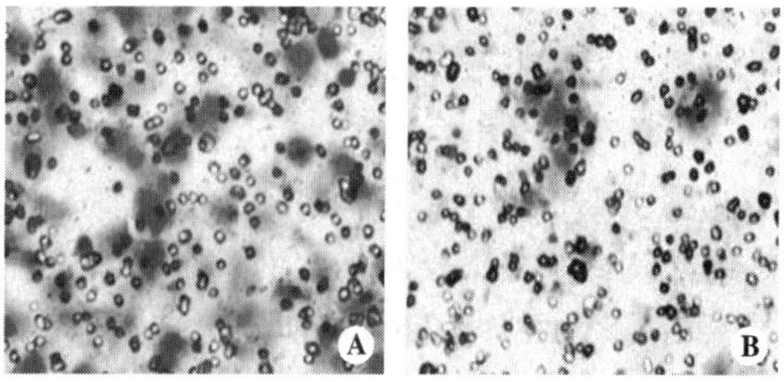

图 5-8　Transwell 实验检测转染 RACK1 siRNA CAOV3 细胞的侵袭情况

5. 下调 RACK1 的表达抑制 CAOV3 细胞中 MMP2 和 MMP9 蛋白的表达　与 mock 组和 scramble siRNA 组相比，RACK1 siRNA 转染组 CAOV3 细胞后 MMP2 和 MMP9 蛋白的表达明显降低（图 5-9）。

（刘　超）

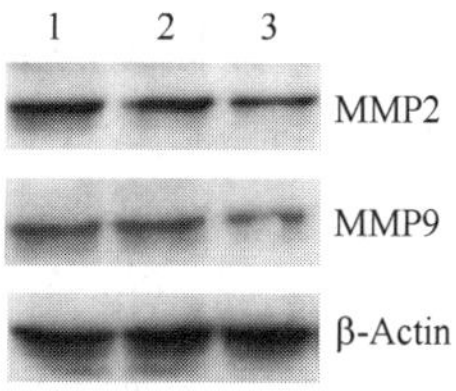

图 5-9　CAOV3 细胞转染 RACK1 siRNA 后 MMP2 和 MMP9 蛋白表达

附　录

附录1　常用溶液的配制

1. 0.2mol/L 磷酸缓冲液（pH 6.0）　配制量 1L

称取磷酸氢二钠·$12H_2O$ 8.82g，磷酸二氢钠·2 H_2O 27.34g，用去离子水溶解并定容至 1L。室温保存。此为母液，使用时稀释 40 倍。

2. 0.3mol/L 磷酸缓冲液（pH 7.8）　配制量 0.5L

准确称取磷酸氢二钠·$12H_2O$ 49.150g，磷酸二氢钠·2 H_2O 2.000g，用去离子水溶解并定容至 0.5L。室温保存。此为母液，使用时稀释 10 倍。

3. 20×SSC 缓冲液（pH 7.0）　配制量 1L

准确称取氯化钠 175.2g，枸橼酸钠·2 H_2O88.2g，溶解于 800ml 去离子水中。加入数滴 10mol/L 氢氧化钠溶液调节 pH 至 7.0。加去离子水定容至 1L。按实验需要可分装后高压灭菌。

10×SSC、5×SSC、1×SSC 可由 20×SSC 做相应稀释得到。

4. 0.15mol/L 氯化钠-乙二胺四乙酸二钠缓冲液（pH 8.0）　配制量 1L

准确称取氯化钠 8.77g，乙二胺四乙酸二钠 37.2g，溶于 800ml 去离子水中，用固体的氢氧化钠调 pH 为 8.0，加去离子水定容至 1L。

5. 5×Tris-Glycine Buffer（SDS-PAGE 电泳缓冲液）（pH 8.3）　配制量 1L

组分浓度：0.125M Tris，1.25M Glycine，0.5%（*W*/*V*）SDS。

称取 Tris 15.1g，Glycine 94g，SDS 5.0g，置于 1L 烧杯中，加入约 800ml 的去离子水，搅拌溶解，加去离子水将溶液定容至 1L 后，室温保存。

6. 5×SDS-PAGE Loading Buffer　配制量 5ml

组份浓度：250mM Tris-HCl（pH6.8），10%（*W*/*V*）SDS，0.5%（*W*/*V*）BPB，50%（*V*/*V*）甘油，5%（*W*/*V*）β 巯基乙醇。

量取 1M Tris-HCl 1.25ml，SDS 0.5g，BPB 25mg，甘油 2.5ml，置于 10ml 塑料离心管中。加入去离子水溶解后定容至 5ml。小份（500μl/份）分装后，于室温保存。使用前将 25μl 的 2×ME 加到每小份中。加入 2×ME 的 Loading Buffer 可在室温下保存一个月左右。

7. 1M Tris-HC（pH 7.4，7.6，8.0）　配制量 1L

称量 121.1g Tris 置于 1L 烧杯中，加入约 800ml 的去离子水，充分搅拌溶解，按下表量加入浓盐酸调节所需要的 pH 值。将溶液定容至 1L，高温高压灭菌后，室温保存。

pH	7.4	7.6	8.0
加浓 HCl	约 70ml	约 60ml	约 42ml

注意：应使溶液冷却至室温后再调定 pH，因为 Tris 溶液的 pH 随温度的变化差异很大，温度每升高 1℃，溶液的 pH 大约降低 0.03 个单位。

8. 1.5M Tris-HCl（pH 8.8）　配制量 1L

称取 181.7g Tris 置于 1L 烧杯中，加入约 800ml 的去离子水，充分搅拌溶解，用浓盐酸调 pH 至 8.8，将溶液定容至 1L，高温高压灭菌后，室温保存。

9. 10×TE Buffer（pH 7.4，7.6，8.0） 配制量 1L

组分浓度：100 mM Tris-HCl，10 mM EDTA。

量取 1M Tris-HC l Buffer（pH7.4，7.6，8.0）100ml，500 mM EDTA（pH 8.0）20ml 置于 1L 烧杯中，向烧杯中加入约 800ml 的去离子水，混合均匀，将溶液定至 1L 后，高温高压灭菌，室温保存。

10. 3 M 乙酸钠（pH 5.2） 配制量 100ml

称取 40.8g 乙酸钠 · $3H_2O$ 置于 100～200ml 烧杯中，加入约 40ml 的去离子水搅拌溶解。加入冰醋酸调节 pH 至 5.2，加入去离子水将溶液定容至 100ml。高温高压灭菌后，室温保存。

11. PBS Buffer（pH7.4） 配制量 1L

组分浓度：137mM NaCl，2.7mM KCl，10mM Na_2HPO_4，2mM KH_2PO_4。

称量 NaCl 8g，KCl 0.2g，Na_2HPO_4 1.42g，KH_2PO_4 0.27g，置于 1L 烧杯中。向烧杯中加入约 800ml 的去离子水，充分搅拌溶解。滴加 HCl 将 pH 值调节至 7.4，然后加入去离子水将溶液定容至 1L。高温高压灭菌后，室温保存。

注意：上述 PBS Buffer 中无二价阳离子，如需要，可在配方中补充 1mM $CaCl_2$ 和 0.5mM $MgCl_2$。

12. 10 M 乙酸铵 配制量 100ml

称量 77.1g 乙酸铵置于 100～200 ml 烧杯中，加入约 30ml 的去离子水搅拌溶解，加去离子水将溶液定容至 100ml，使用 0.22μm 滤膜过滤除菌。密封瓶口，室温保存。

注意：乙酸铵受热易分解，所以不能高温高压灭菌。

13. Tris-HCl 平衡苯酚

原料：大多数市售液化苯酚是清亮无色的，无需重蒸馏便可用于分子生物学实验。但有些液化苯酚呈粉红色或黄色，应避免使用。同时也应避免使用结晶苯酚，结晶苯酚必须在 160℃对其进行重蒸馏除去诸如醌等氧化产物，这些氧化产物可引起磷酸二酯键的断裂或导致 RNA 和 DNA 的交联等。因此，苯酚的质量对 DNA、RNA 的提取极为重要，我们推荐使用高质量的苯酚进行分子生物学实验。

操作注意：苯酚腐蚀性极强，并可引起严重灼伤，操作时应戴手套及防护镜等。所有操作均应在通风橱中进行，与苯酚接触过的皮肤部位应用大量水清洗，并用肥皂和水洗涤，忌用乙醇。

苯酚平衡：因为在酸性 pH 条件下 DNA 分配于有机相，因此使用苯酚前必须对苯酚进行平衡，使其 pH 达到 7.8 以上，苯酚平衡操作方法如下：

（1）液化苯酚应贮存于 20℃，此时的苯酚呈现结晶状态。从冰柜中取出的苯酚首先在室温下放置使其达到室温，然后在 68℃水浴中使苯酚充分溶解。

（2）加入羟基喹啉（8-quinolinol）至终浓度 0.1%。该化合物是一种还原剂、RNA 酶的不完全抑制剂及金属离子的弱螯合剂。因其呈黄色，有助于方便识别有机相。

（3）加入等体积的 1M Tris-HCl（pH8.0），使用磁力搅拌器搅拌 15min，静置使其充分分层后，除去上层水相。

（4）重复操作步骤（3）。

（5）加入等体积的 0.1M Tris-HCl（pH8.0），使用磁力搅拌器搅拌 15min，静置使其充分分层后，除去上层水相。

（6）重复操作步骤（5），稍微残留部分上层水相。

（7）使用 pH 试纸确认有机相的 pH 大于 7.8。

（8）将苯酚置于棕色玻璃瓶中，4℃避光保存。

14. 苯酚/氯仿/异戊醇 从核酸样品中除去蛋白质时常常使用苯酚/氯仿/异戊醇（25：24：1）。氯仿可使蛋白质变性并有助于液相与有机相的分离，而异戊醇则有助于消除抽提过程中出现的气泡。

将 Tris-HCl 平衡苯酚与等体积的氯仿/异戊醇（24：1）均匀混合后，移入棕色玻璃瓶中 4℃保存。

15. 10%（*W*/*V*）**SDS** 配制量 100ml

称量 10g 高纯度的 SDS 置于 100～200ml 烧杯中，加入约 80ml 的去离子水，68℃加热溶解，滴加数滴浓盐酸调节 pH 至 7.2，将溶液定容至 100ml 后，室温保存。

16. 2 M NaOH 配制量 100ml

量取 80ml 去离子水置于 100～200ml 塑料烧杯中（因 NaOH 溶解过程中大量放热，有可能使玻璃烧杯炸裂）。称取 8g NaOH 小心地逐渐加入到烧杯中，边加边搅拌，待 NaOH 完全溶解后，用去离子水将溶液定容至 100ml。将溶液转移至塑料容器中后，室温保存。

17. 2.5M HCl 配制量 100ml

在 78.4ml 的去离子水中加入 21.6ml 的浓盐酸（11.6M），混合均匀，室温保存。

18. 5 M NaCl 配制量 1L

称取 292.2g NaCl 置于 1L 烧杯中，加入约 800ml 的去离子水搅拌溶解，继续加去离子水将溶液定容至 1L 后，适量分成小份，高温高压灭菌，4℃保存。

19. 20%（*W*/*V*）**Glucose** 配制量 100ml

称取 20g Glucose 置于 100～200ml 烧杯中，加入约 80ml 的去离子水搅拌溶解，继续加去离子水将溶液定容至 100ml，高温高压灭菌后，4℃保存。

20. Solution Ⅰ（质粒提取用） 配制量 1L

组分浓度：25mM Tris-HCl（pH8.0），10mM EDTA，50mM Glucose。

量取 1M Tris-HCl（pH8.0）25ml，0.5M EDTA（pH8.0）20ml，20%Glucose（1.11M）45ml，ddH_2O 910ml，置于 1L 烧杯中。高温高压灭菌后，4℃保存。

21. Solution Ⅱ（质粒提取用） 配制量 500ml

组分浓度：250mM NaOH，1%（*W*/*V*）SDS。

量取 10%SDS 50ml，2M NaOH 50ml 置于 500ml 烧杯中。加灭菌水定容至 500ml，充分混匀，室温保存。此溶液保存时间最好不要超过一个月。

注意：SDS 易产生气泡，不要剧烈搅拌。

22. Solution Ⅲ（质粒提取用） 配制量 500ml

组分浓度：3M KOAc，5M CH_3COOH。

量取 KOAc 147g，CH_3COOH 57.5ml，置于 500ml 烧杯中。加入 300ml 去离子水搅拌溶解，再加去离子水将溶液定容至 500ml，高温高压灭菌后，4℃保存。

23. 0.5M EDTA 配制量 1L

称取 186.1g $Na_2EDTA·2H_2O$，置于 1L 烧杯中，加入约 800ml 的去离子水，充分搅拌溶解，用 NaOH 调节 pH 至 8.0（约需 20g NaOH，pH 至 8.0 时，EDTA 才能完全溶解）。加去离子水将溶液定容至 1L，适量分成小份后，高温高压灭菌，室温保存。

24. 1 M DTT　配制量 20ml

称取 3.09g DTT，加入到 50ml 塑料离心管内，加 20ml 0.01M 的 NaOAc（pH 5.2），溶解后使用 0.22μm 滤器过滤除菌，适量分成小份后，20℃保存。

25. 10mM ATP　配制量 20ml

称取 121mg $Na_2ATP \cdot 3H_2O$，加入到 50ml 塑料离心管内，加 20ml 的 25mM Tris-HCl（pH8.0），搅拌溶解，适量分成小份，20℃保存。

26. 250μg/ml 牛血清白蛋白标准液　配制量 1L

准确称取 250mg 标准牛血清白蛋白，用 0.03mol/L　pH 7.8 的磷酸缓冲液溶解并定容至 1L。4℃保存。

27. DNS 试剂（3,5-二硝基水杨酸试剂）　配制量 2L

称取 3,5-二硝基水杨酸 10g，加入 2mol/L 氢氧化钠溶液 200ml。将 3,5-二硝基水杨酸溶解，然后加入酒石酸钾钠 300g。待其完全溶解，用去离子水稀释至 2000ml，棕色瓶保存。

28. 5%蔗糖溶液　配制量 1L

称取蔗糖 50g，用去离子水溶解并定容至 1L。

29. 0.1mol/L 蔗糖溶液　配制量 1L

称取蔗糖 34.230g，用去离子水溶解并定容至 1L。

30. 30%（*W/V*）**Acrylamide**　配制量 1L

称量 Acrylamide 290g、BIS 10g 置于 1L 烧杯中。向烧杯中加入约 600ml 的去离子水，充分搅拌溶解。加入去离子水将溶液定容至 1L，用 0.45μm 滤膜滤去杂质。于棕色瓶中 4℃保存。

31. 40%（*W/V*）**Acrylamide**　配制量 1L

称量 Acrylamide 380g、BIS 20g 置于 1L 烧杯中。向烧杯中加入约 600ml 的去离子水，充分搅拌溶解。加入去离子水将溶液定容至 1L，用 0.45μm 滤膜滤去杂质。于棕色瓶中 4℃保存。

注意：丙烯酰胺具有很强的神经毒性，并可通过皮肤吸收，其作用有积累性，配制时应戴手套等。聚丙烯酰胺无毒，但也应谨慎操作，因为有可能含有少量的未聚合成分。

32. 10%（*W/V*）**过硫酸铵**　配制量 10ml。

称取 1g 过硫酸铵，加入 10ml 的去离子水后搅拌溶解，贮存于 4℃。

注意：10%过硫酸胺溶液在 4℃保存时间可使用 2 周左右，超过期限会失去催化作用。

33. 考马斯亮蓝 R-250 染色液　配制量 1L

组分浓度：0.1%（*W/V*）考马斯亮蓝 R-250，25%（*V/V*）异丙醇，10%（*V/V*）冰乙酸。

称取 1g 考马斯亮蓝 R-250，置于 1L 烧杯中。量取 250ml 的异丙醇加入上述烧杯中，搅拌溶解。加入 100ml 的冰乙酸，搅拌均匀。加入 650ml 的去离子水，搅拌均匀。用滤纸出去颗粒物质后，室温保存。

34. 考马斯亮蓝染色脱色液　配制量 1L

组分浓度：10%（*V/V*）乙酸，5%（*V/V*）乙醇。

量取乙酸 100ml、乙醇 50ml、去离子水 850ml 置于 1L 烧杯中，充分混合后使用。

35. 凝胶固定液（SDS-PAGE 银氨染色用）　配制量 1L

组分浓度：50%（*V*/*V*）甲醇，10%（*V*/*V*）乙酸。

量取甲醇 500ml、乙酸 100ml、去离子水 400ml 置于 1L 烧杯中，均匀混合后室温保存。

36. 凝胶处理液（SDS-PAGE 银氨染色用）　配制量 1L

组分浓度：50%（*V*/*V*）甲醇，10%（*V*/*V*）戊二醛。

量取甲醇 50ml、戊二醛 10ml、去离子水 40ml 置于 1L 烧杯中，均匀混合后室温保存。

37. 凝胶染色液（SDS-PAGE 银氨染色用）　配制量 100ml

组分浓度：0.4%（*W*/*V*）硝酸银，1%（*V*/*V*）浓氨水，0.04%（*W*/*V*）氢氧化钠。

量取 20%硝酸银 2ml、浓氨水 1ml、4%氢氧化钠 1ml、去离子水 96ml 加入 100～200ml 试剂瓶中，混合均匀。该溶液应为无色透明状。如氨水浓度过低时溶液会呈现混浊状，此时应补加浓氨水，直至透明。本染色液应现用现配，不宜保存。

38. 显影液（SDS-PAGE 银氨染色用）　配制量 1L

组分浓度：0.005%（*V*/*V*）枸橼酸，0.02%（*V*/*V*）甲醛。

称取枸橼酸 50mg、甲醛 0.2ml 置于 1L 试剂瓶中。加入 1L 去离子水后，摇动混合溶解，室温保存。

39. 5%的十二烷基硫酸钠溶液　配制量 100ml

称取 5.0g 十二烷基硫酸钠，溶于 100ml 的 4%乙醇溶液中。

40. 三氯甲烷-异戊醇混合试剂　取 500ml 三氯甲烷试剂，加入 21ml 异戊醇试剂，混匀。

41. 酚溶液　在大烧杯中加入 80ml 去离子水，再加入 300g 苯酚，在水浴中加热搅拌至苯酚完全溶解。将该溶液倒入盛有 200ml 去离子水的 1000ml 分液漏斗内，轻轻振荡混合，使其成为乳状液。静止 7～10 小时，乳状液变成两层透明溶液，下层为被水饱和的酚溶液，放出下层，贮存于棕色瓶中备用。

42. 0.5%淀粉溶液　配制量 100ml

称取淀粉 0.5g，用去离子水溶解并定容至 100ml。

43. 对羟基联苯试剂　称取对羟基联苯 1.5g，溶于 100ml 的 0.5%氢氧化钠溶液中，配制成 1.5%的对羟基联苯溶液。若对羟基联苯颜色较深，应用丙酮或无水乙醇重结晶，放置时间较长后，会出现针状结晶，应摇匀后使用。

44. 100mg/ml Ampicillin　配制量 50ml

称量 5g Ampicillin 置于 50ml 离心管中，加入 40ml 灭菌水，充分混合溶解后，定容至 50ml，用 0.22μm 滤膜过滤除菌。小份分装（1ml/份）后，20℃保存。

45. 24mg/ml IPTG　配制量 50ml

称量 1.2g IPTG 置于 50ml 离心管中，加入 40ml 灭菌水，充分混合溶解后，定容至 50ml，用 0.22μm 滤膜过滤除菌，小份分装（1ml/份）后，20℃保存。

46. 20mg/ml X-Gal　配制量 50ml

称取 1g X-Gal 置于 50ml 离心管中。加入 40ml 二甲基甲酰胺（DMF），充分混合溶解后，定容至 50ml。小份分装（1ml/份）后，20℃保存。

（李宗泽）

附录 2　常用培养基的配制

1. LB 培养基　配制量 1L

组分浓度：1%（*W*/*V*）Tryptone，0.5%（*W*/*V*）Yeast Extract，1%（*W*/*V*）NaCl。

称量 Tryptone 10g、Yeast Extract 5g、NaCl 10g 置于 1L 烧杯中，加入约 800ml 的去离子水，充分搅拌溶解。滴加 5M NaOH（约 0.2ml），调节 pH 至 7.0。高温高压灭菌后，4℃保存。

2. LB/Amp 培养基　配制量 1L

组分浓度：1%（*W*/*V*）Tryptone，0.5%（*W*/*V*）Yeast Extract，1%（*W*/*V*）NaCl，0.1mg/ml Ampicillin。

称量 Tryptone 10g、Yeast Extract 5g、NaCl 10g 置于 1L 烧杯中，加入约 800ml 的去离子水，充分搅拌溶解。滴加 5M NaOH（约 0.2ml），调节 pH 至 7.0。加去离子水将培养基定容 1L。高温高压灭菌后，冷却至室温。加入 1ml 的 Ampicillin（100mg/ml），混合均匀。4℃保存。

3. TB 培养基　配制量 1L

组分浓度：1.2%（*W*/*V*）Tryptone、2.4%（*W*/*V*）Yeast Extract、0.4%（*V*/*V*）Glycerol、17mM KH_2PO_4、72mM K_2HPO_4。

配制磷酸盐缓冲液（0.17M KH_2PO_4，0.72M K_2HPO_4）100ml。溶解 2.31g KH_2PO_4 和 2.54g K_2HPO_4 于 90ml 的去离子水中，搅拌溶解后，加去离子水定容至 100ml，高温高压灭菌。

称取 Tryptone 12g、Yeast Extract 24g、Glycerol 4ml 置于 1L 烧杯中，加入约 800ml 的去离子水，充分搅拌溶解。加去离子水将培养基定容至 1L 后，高温高压灭菌。待溶液冷却至 60℃以下时，加入 100ml 的上述灭菌磷酸盐缓冲液。4℃保存。

4. TB/Apm 培养基　配制量 1L

组分浓度：1.2%（*W*/*V*）Tryptone、4%（*W*/*V*） Yeast Extract、0.4%（*V*/*V*）Glycerol、17mM KH_2PO_4、72mM K_2HPO_4、0.1mg/mL Ampicillin。

配制磷酸盐缓冲液（0.17M KH_2PO_4，0.72M K_2HPO_4）100ml。溶解 2.31g KH_2PO_4 和 2.54g K_2HPO_4 于 90ml 的去离子水中，搅拌溶解后，加去离子水定容至 100ml，高温高压灭菌。

称取 Tryptone 12g、Yeast Extract 24g、Glycerol 4ml 置于 1L 烧杯中，加入约 800ml 的去离子水，充分搅拌溶解。加去离子水将培养基定容至 1L 后，高温高压灭菌。待溶液冷却至 60℃以下时,加入 100ml 的上述灭菌磷酸盐缓冲液和 1ml 的 Ampicillin(100mg/ml)。混合均匀后，4℃保存。

5. SOB 培养基　配制量 1L

组分浓度：2%（*W*/*V*）Tryptone、0.5%（*W*/*V*）Yeast Extract、0.05%（*W*/*V*）NaCl、2.5mM KCl、10mM $MgCl_2$。

配制 250mM KCl 溶液。在 90ml 的去离子水中溶解 1.86g KCl 后，定容至 100ml。

配制 2M $MgCl_2$ 溶液。在 90ml 的去离子水中溶解 19g $MgCl_2$ 后，定容至 100ml，高温高压灭菌。

称取 Tryptone 20g、Yeast Extract 5g、NaCl 0.5g 置于 1L 烧杯中，加入约 800ml 的去离子水，充分搅拌溶解。量取 10ml 的 250 mM KCl 溶液，加入到烧杯中，滴加 5M NaOH 溶液（约 0.2ml），调节 pH 至 7.0。加入去离子水将培养基定容至 1L。高温高压灭菌后，4℃保存。使用前加入 5ml 灭菌的 2M $MgCl_2$ 溶液。

6. SOC 培养基 配制量 100ml

组分浓度：2%（*W*/*V*）Tryptone、0.5%（*W*/*V*）Yeast Extract、0.05%（*W*/*V*）NaCl、2.5mM KCl、10mM $MgCl_2$、20mM 葡萄糖。

配制 1M 葡萄糖溶液。将 18g 葡萄糖溶于 90ml 去离子水中，充分溶解后定容至 100ml，用 0.22μm 滤膜过滤除菌。

向 100ml 的 SOB 培养基中加入除菌的 1M 葡萄糖溶液 2ml，混合均匀。4℃保存。

7. 2×YT 培养基 配制量 1L

组分浓度：1.6%（*W*/*V*）Tryptone，1%（*W*/*V*）Yeast Extract，0.5%（*W*/*V*）NaCl。

称取 Tryptone 16g、Yeast Extract 10g、NaCl 5g 置于 1L 烧杯中，加入约 800ml 的去离子水，充分搅拌溶解。滴加 5M NaOH 溶液（约 0.2ml），调节 pH 至 7.0。加水离子水将培养基定容至 1L。高温高压灭菌后，4℃保存。

8. LB/Amp/X-Gal/IPTG 配制量 1L

组分浓度：1%（*W*/*V*）Tryptone、0.5%（*W*/*V*）Yeast Extract、1%（*W*/*V*）NaCl、0.1mg/ml Ampicillin、0.5%（*W*/*V*）IPTG、0.04mg/ml X-Gal、1.5%（*W*/*V*）Agar。

称取 Tryptone 10g、Yeast Extract 5g、NaCl 10g 置于 1L 烧杯中，加入约 800ml 的去离子水，充分搅拌溶解。滴加 5M NaOH 溶液（约 0.2ml），调节 pH 至 7.0。加水离子水将培养基定容至 1L 后，加入 15g Agar。高温高压灭菌后，冷却至 60℃左右。加入 1ml 的 Ampicillin（100mg/ml）、1ml 的 IPTG（24mg/ml）、2ml X-Gal（20mg/ml），混合均匀。铺制平板，4℃保存平板。

9. TB/Amp/XGal/IPTG 配制量 1L

组分浓度：1.2%（*W*/*V*）Tryptone、2.4%（*W*/*V*） Yeast Extract、0.4%（*W*/*V*）Glycerol、17mM KH_2PO_4、72mM K_2HPO_4、0.1mg/ml Ampicillin、0.024mg/ml IPTG、0.04mg/mL X-Gal、1.5%（*W*/*V*）Agar。

配制磷酸盐缓冲液（0.17M KH_2PO_4，0.72M K_2HPO_4）100ml。溶解 2.31g KH_2PO_4 和 2.54g K_2HPO_4 于 90ml 的去离子水中，搅拌溶解后，加去离子水定容至 100ml，高温高压灭菌。

称取 Tryptone 12g、Yeast Extract 24g、Glycerol 4ml 置于 1L 烧杯中，加入约 800ml 的去离子水，充分搅拌溶解。加去离子水将培养基定容至 1L，加入 15g Agar。高温高压灭菌后，冷却至 60℃左右。加入 100ml 的上述灭菌磷酸盐缓冲液、1ml 的 Ampicillin（100mg/ml）、1ml 的 IPTG（24mg/ml）、2ml XGal（20mg/ml），混合均匀。铺制平板，4℃保存平板。

（李宗泽）